京津冀农业科技发展态势研究

中国农业科学技术出版社

图书在版编目（CIP）数据

京津冀农业科技发展态势研究 / 林巧等著. —北京：中国农业科学技术出版社，2020. 10

ISBN 978-7-5116-5056-6

Ⅰ. ①京… Ⅱ. ①林… Ⅲ. 农业技术—技术发展—研究—华北地区 Ⅳ. ①F327.2

中国版本图书馆 CIP 数据核字（2020）第 188918 号

责任编辑 陶 莲
责任校对 贾海霞

出 版 者 中国农业科学技术出版社
北京市中关村南大街12号 邮编：100081
电 话 （010）82106625（编辑室） （010）82109704（发行部）
（010）82109709（读者服务部）
传 真 （010）82106625
网 址 http: // www.castp.cn
经 销 者 各地新华书店
印 刷 者 北京建宏印刷有限公司
开 本 710mm×1 000mm 1/16
印 张 9.5
字 数 160千字
版 次 2020年10月第1版 2020年10月第1次印刷
定 价 88.00元

#《京津冀农业科技发展态势研究》

编委会

出版顾问：魏　虹　王　川　郑怀国　李英杰
杨兰伟

主　　著：林　巧　聂迎利　孔令博　王晶静

副主著：张　帆　串丽敏

前 言

京津冀地区包括北京市、天津市和河北省，京津冀地区资源禀赋、产业特色、环境关联、经济发展存在差异，近年来，在由传统农业向现代农业转型升级的过程中，在发展都市型农业、设施农业、生态农业、智慧农业方面均取得了显著成绩，这其中农业科技的创新发挥了重要作用。

京津冀地区中，河北省的农用地和耕地面积均是最高的，北京居中，且明显高于天津。京津冀地区农用地中的耕地面积为7.17万平方千米，高于全国平均水平，但人均耕地面积较小。京津冀乡村人口为4 047万人，低于全国平均水平。北京、天津、河北农、林、牧、渔业增加值占生产总值的比重呈现逐年下降趋势，与全国的总趋势相同。河北和京津冀农业总产值构成与全国农业总产值构成相似，其中农业比重55%左右，牧业为30%左右，林业为3%左右，北京牧业比重略高，为36%，天津渔业比重较高，为18%。奶、蛋、蔬菜是京津冀相对具有优势的农产品，林产品产量比重总体偏低，8种主要农产品中，粮食、油料、薯类、蔬菜、瓜果、烟叶等6种产品单产高于全国，其中薯类超出比例最高，在土地、水资源条件相对缺乏的情况下，单产的提高得益于科技的作用。

从农业科技发展现状来看，全国农林牧渔业公有经济企事业单位共有专业技术人员105.9万人，占当年企事业单位专业技术人员的3.42%，京津冀地区中，河北这一比例最高，但仍低于全国。从学科分布看，京津冀在农业学科方面，不论是研发机构数量，还是机构R&D人员和机构R&D经费支出均与其他学科相比处于较低水平。京津冀农业教育体系完善，包括研究生教育、高等学校本专科和中等职业教育三级。

本书对京津冀农业科技发展现状做了全面深入的调研，此外，还对京津冀地区2018年农业科学类项目情况和近年来的农业发展规划涉及的重点领域作了详细的分析，并基于近10年农业领域的SCI和CPCI发文，用详尽的图表和数据统计、分析了京津冀地区农业领域的重点研究机构、主要研究方向、重要基金资助机构等情况，并对该地区农业科技的重点发展前沿和热点作出了判读，为制订京津冀地区今后农业科技的发展规划和重点提供了有力的参考。

本书系统地阐述了上述研究及其获得的成果，内容包括京津冀农业科技发展现状、京津冀农业领域项目资助情况、京津冀农业发展战略规划重点领域、京津冀近10年来农业科技发展态势分析等。

本书无论是对区域规划领域的专业科研作者，还是对政府、科研机构、高校的决策部门，甚至涉农相关从业人员，都具有较高的参考价值。

内容简介

京津冀地区位于36°03′～42°40′N，113°27′～119°50′E，处于中纬度亚欧大陆的东岸，京津冀地区的人均耕地面积、乡村人口、从事农业的专业技术人员占比虽不算高，但近年来由于农业科技创新的作用，该地区在发展都市型农业、设施农业、生态农业、智慧农业方面均取得了显著成绩，并且形成了完善的农业教育体系。

从京津冀地区2018年农业科学类项目的分布来看，北京市市级项目中，涉及农业科学类的项目共8项，其中农业科学专属项目3个，自然科学综合类项目5个，资助领域集中在：植物保护，作物育种，动物疫病和动物源疾病的诊断、控制，畜禽养殖技术，动植物种质资源的保护与开发，土壤改良，水高效利用，农产品加工和贮藏，设施农业系统建设，农业废弃物循环利用，环保与生态建设，新型农村建设，地区/国际合作以及农业相关软科学领域。天津市市级项目中，涉农项目共有28项，其中农业科学专属项目14个，自然科学综合类项目14个，资助领域集中在：现代、健康、安全、环保、节能、特色农业，同时突出一二三产业和京津冀农业的协同发展，以及农业技术的一体化和集成示范。河北省省级项目中，涉农项目共有13项，其中农业科学专属项目4个，自然科学综合类项目9个，资助领域集中在现代、数字、健康、环保、精准农业，生物技术育种，农业平台开发。近年来，北京市有6个战略规划对农业科技发展提出指导意见，天津市和河北省也分别有6个和4个农业发展战略规划，各规划均对本地区的农业科技发展重点领域提出了发展要求和建设指导。

基于京津冀地区近10年农业领域的SCI和CPCI文献，对该地区的农业科技发展态势做了深入分析，截至2018年9月30日，共检索到北京市发文量30 187篇、天津市发文量2 996篇、河北省发文量2 446篇，由于科研院所和人才配置等原因，整体来看，北京市的发文量远超过天津市和河北省，在农业领域的地位十分显著，3个省市近10年的发文量整体都呈现上扬的态势，且3个省市发文期刊的平均影响因子为2.25、2.18和2.16，文章质量普遍较高，说明京津冀地区在农业领域近10年的科技发展十分迅速。

分地区来看，北京市农业领域最重要的科研机构为中国科学院、中国农业大学和中国农业科学院；重点研究方向为植物科学、农业科学和食品科学与技术；文章的基金资助来源主要为国家自然科学基金委、国家重点基础研究发展计划（973）和中国科学院资助项目。北京市农业领域近10年的重点研究前沿有6个，重要性按高低排序依次为：DREB（转录因子）、Comparative genomics（比较基因组学）、*Arabidopsis thaliana*（拟南芥）、RNA-seq（转录组测序技术）、*Jtriticum aestivum*（小麦）、DNA barcoding（DNA条形码）。TOP20研究热点为Plants、*Arabidopsis-thaliana*、Growth、Expression、Arabidopsis、Identification、China、Protein、Gene-expression、Gene、Rice、System、Maize、Temperature、Wheat、Extraction、Yield、Quality、Transcription factor、Performance。北京市农业领域的新兴技术点集中在肠道微生物集群（Gut microbiota）、气候变化（Climate-change）、转录组测序技术（RNA-Seq）、污水处理（Sewage-sludge）、基因组编辑（Genome editing）等技术上。北京市在农业领域新兴技术的自主研究水平相对较高。

天津市农业领域最重要的科研机构为天津科技大学、天津大学和南开大学；重点研究方向为食品科学与技术、农业科学和化学；文章的基金资助来源主要为国家自然科学基金委和天津市自然科学基金。天津市农业领域近10年的重点研究前沿有3个，重要性按高低排序依次为：Starch（淀粉）、in vitro digestibility（体外消化率）、Protein molecular structure（蛋白质分子结构）。TOP20研究热点为Extraction、Expression、Identification、Protein、Plants、Antioxidant activity、Acid、Growth、in-vitro、Antioxidant、Physicochemical properties、Oxidative stress、Cells、System、Fermentation、Mechanism、Rats、Gene、Purification、Derivatives。天津市农业领域的新兴技术点集中在拟南芥（*Arabidopsis thaliana*）、纳米粒子（Nanoparticles）、交联关系（Cross-linking）、肉制品处理（Meat-products）等技术上。天津市在农业领域新兴技术的自主研究水平相对较高。

河北省农业领域最重要的科研机构为河北农业大学、河北省农林科学院和河北大学；重点研究方向为农业科学、植物科学和食品科学与技术；文章的基金资助来源主要为国家自然科学基金委和河北省自然科学基金。河北省农业领域近10年的重点研究前沿有2个，重要性按高低排序依次为：Aba-associated pathway

（ABA信号通路）、PI translocation（π易位）。TOP20研究热点为Expression、Plants、*Arabidopsis-thaliana*、Identification、Arabidopsis、Protein、Gene-Expression、Growth、Maize、Wheat、Rice、Extraction、Transcription factor、Abscisic-acid、Gene、China、Yield、Tandem mass-spectrometry、Winter-wheat、Resistance。河北省农业领域的新兴技术点集中在粮食产量（Crain-yield）、气候变化（Climate change）、蛋白质（Protein）、热应激作用（Heat stress）等技术上。河北省在农业领域的新兴技术的研究大多是和其他省市共同开展。

著　者

2020年5月

目 录

1 京津冀农业科技发展现状

京津冀地区包括北京市、天津市和河北省，位于36°03′～42°40′N，113°27′～119°50′E，处于中纬度亚欧大陆的东岸。京津冀地区的气候属于温带半湿润半干旱大陆性季风气候，四季分明；河流较多，以外流河为主；土壤类型较多，褐土分布最广，潮土次之，棕壤第三。由于开发历史悠久，该地区存在众多人工植被类型，以草本农作物类型为主[①]。京津冀地区资源禀赋、产业特色、环境关联、经济发展存在差异[②]，近年来，在由传统农业向现代农业转型升级的过程中，在发展都市型农业、设施农业、生态农业、智慧农业方面均取得了显著成绩，这其中农业科技的创新发挥了重要作用。

1.1 京津冀农业基本情况

1.1.1 农业资源情况

京津冀地区中，河北省的农用地和耕地面积均是最高的，北京市居中，且明显高于天津市。2016年，京津冀地区农用地面积共14.91万平方千米，其中耕地面积7.17万平方千米，占农用地的48.12%，这一比例明显高于全国平均水平（20.91%）；人均耕地面积0.96亩（1亩≈667平方米，全书同）/人，其中北京市最低，仅为0.15亩/人，河北省最高，达1.31亩/人，但仍未达到全国平均水平1.46亩/人（表1.1）。

表1.1 2016年京津冀农用土地面积（单位：平方千米）

	北京	天津	河北	京津冀	全国	京津冀占比
土地总面积	16 410	11 916.85	187 693	216 019.85	9 634 057	2.24%
农用地	11 455.33	6 943.34	130 692	149 090.67	6 451 267	2.31%
耕地	2 163.33	4 369.24	65 204.5	71 737.07	1 349 209	5.32%
园地	1 334.67	297.25	8 344	9 975.92	142 663	6.99%

① 郝然，王卫，郝静. 京津冀地区气候类型划分及其动态变化. 安徽农业大学学报，2017，44（4）：670-676

② 农业部等八部门联合印发京津冀现代农业协同发展规划. 中华人民共和国农业农村部. http：//www.moa.gov.cn/xw/bmdt/201610/t20161030_5339955.htm

（续表）

	北京	天津	河北	京津冀	全国	京津冀占比
林地	7 397.33	548.14	45 990	53 935.47	2 529 081	2.13%
牧草地	2.00	—	4 012.67	4 014.67	2 193 591	0.18%
其他农用地	558.67	1 728.71	7 141.33	9 428.71	236 722	3.98%
农用地占土地面积比例（%）	69.81%	58.26%	69.63%	69.02%	66.96%	—
耕地占农用地比例（%）	18.88%	62.93%	49.89%	48.12%	20.91%	—
人均耕地面积（亩/人）	0.15	0.42	1.31	0.96	1.46	65.75%

数据来源：北京统计年鉴2017；天津统计年鉴2017；河北经济年鉴2017；中国农业年鉴2017；中国国土资源统计年鉴2017；2017中国土地矿产海洋资源统计公报http：//gi.mlr.gov.cn/201805/t20180518_1776792.html；https：//wenda.so.com/q/1528046375213875。

2016年，全国人均水资源量2 354.90立方米/人，京津冀平均为234.0立方米/人，不足全国平均水平的10%；三地用水总量为248.60亿立方米，仅为全国用水总量的4.12%，其中农业用水总量146亿立方米，占用水总量的58.73%，这一比例比全国平均水平62.38%低3.65个百分点（表1.2）。

表1.2　2016年京津冀水资源情况（单位：亿立方米，立方米/人）

	北京	天津	河北	京津冀	全国	京津冀占比
水资源总量	35.1	18.9	208.3	262.3	32 466.4	0.81%
人均水资源量	161.6	121.58	279.69	234.09	2 354.9	9.94%
用水总量	38.8	27.2	182.6	248.6	6 040.2	4.12%
农业用水总量	6	12	128	146	3 768	3.87%
农业用水总量占比	15.46	44.12	70.1	58.73	62.38	—
工业用水总量	3.8	5.5	21.9	31.2	1 308	2.39%
生活用水总量	17.8	5.6	25.9	49.3	821.6	6%
生态用水总量	11.1	4.1	6.7	21.9	142.6	15.36%
人均用水量	178.64	174.98	245.18	221.86	438.12	50.64%

数据来源：http：//data.stats.gov.cn/easyquery.htm？cn=C01，国家统计局水资源、供水用水情况；http：//data.stats.gov.cn/easyquery.htm？cn=E0103，国家统计局水资源、供水用水情况。

1.1.2 农业人口及就业情况

2016年，京津冀乡村人口为4 047万人，占常住人口的36.12%，低于全国的42.65%，其中河北省乡村人口比例最高，为46.68%，高于全国平均水平4.03个百分点，北京和天津分别为13.48%和17.09%，明显低于河北；从农业就业人员占总就业人员的比例来看，河北省最高，为32.68%，北京和天津分别为4.07%和7.21%，京津冀为23.56%，低于全国平均水平4.14个百分点（表1.3）。

表1.3 2016年京津冀人口情况（单位：万人）

地区	常住人口	乡村人口	乡村人口占比（%）	就业人员	第一产业就业人员	第一产业就业人员占比
北京	2 172.9	293	13.48%	1 220.1	49.6	4.07%
天津	1 562.12	267	17.09%	902.42	65.1	7.21%
河北	7 470.05	3 487	46.68%	4 223.95	1 380.33	32.68%
京津冀	11 205.07	4 047	36.12%	6 346.47	1 495.03	23.56%
全国	138 271	58 973	42.65%	77 603	21 496	27.70%

数据来源：北京统计年鉴2017；天津统计年鉴2017；河北经济年鉴2017；http：//data.stats.gov.cn/easyquery.htm? cn=C01，国家统计局人口、按三次产业分就业人员数。

1.1.3 农业增加值情况

表1.4为2012—2016年京津冀及全国农林牧渔业增加值和生产总值情况。可以看出北京、天津、河北农林牧渔业增加值占生产总值的比重呈现逐年下降趋势，这与全国的总趋势相同。北京占比最低，不足1%，河北最高，在12%左右，且高于全国平均水平。

表1.4 农林牧渔业增加值及占生产总值的比重（单位：亿元）

地区	指标	2012	2013	2014	2015	2016
北京	生产总值	17 879.4	19 800.81	21 330.83	23 014.59	25 669.13
	农林牧渔业增加值	150.2	161.83	161.32	142.6	132.2
	占比	0.84%	0.82%	0.76%	0.62%	0.52%
天津	生产总值	12 893.88	14 442.01	15 726.93	16 538.19	17 885.39
	农林牧渔业增加值	171.6	188.54	201.53	210.5	222.05
	占比	1.33%	1.31%	1.28%	1.27%	1.24%

（续表）

地区	指标	2012	2013	2014	2015	2016
河北	生产总值	26 575.01	28 442.95	29 421.15	29 806.11	32 070.45
	农林牧渔业增加值	3 186.66	3 500.42	3 576.48	3 578.7	3 644.82
	占比	11.99%	12.31%	12.16%	12.01%	11.37%
全国	生产总值	540 367.4	595 244.4	643 974	689 052.1	743 585.5
	农林牧渔业增加值	52 368.7	56 973.6	60 165.7	62 911.8	65 975.7
	占比	9.7%	9.6%	9.3%	9.1%	8.9%

数据来源：中国农业年鉴2017。

1.1.4 农业生产总产值情况

从总体看，河北省和京津冀农业总产值构成与全国农业总产值构成相似，其中农业比重为55%左右，牧业为30%左右，林业为3%左右。北京和天津农业总产值中，农业比重较低，均不足50%，北京牧业比重略高，为36%，天津渔业比重较高，为18%（图1.1）。

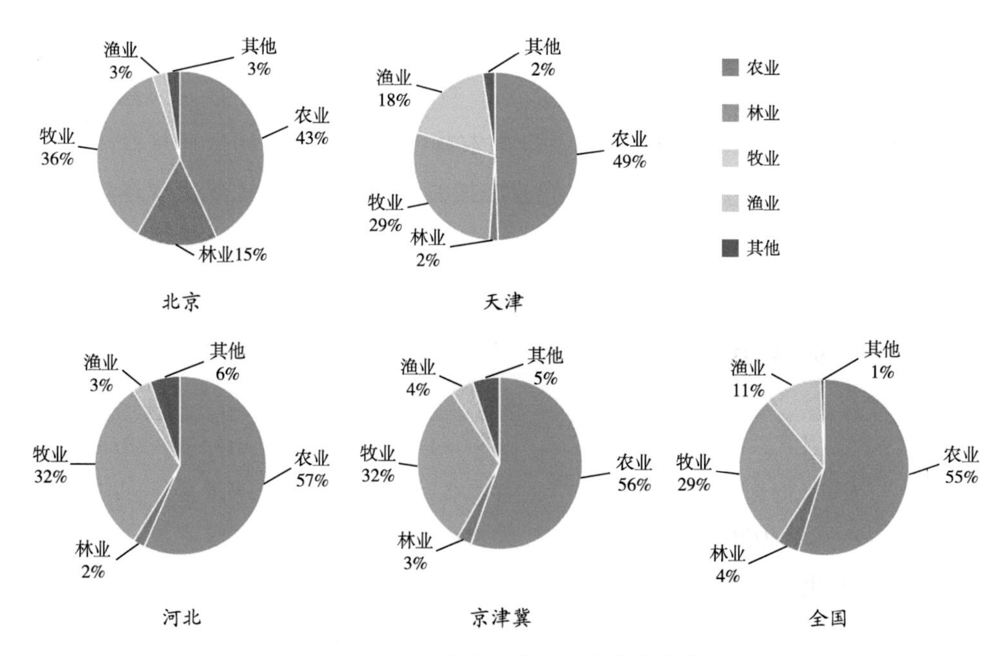

图1.1 2016年京津冀农业总产值构成

数据来源：中国农业年鉴2017。

从农业总产值的分项看，排在前三位的分别是蔬菜园艺、猪饲养、谷物，产值分别为2 020.5亿元、811.5亿元和734.8亿元（表1.5）。

表1.5　2016年京津冀农林牧渔业总产值（单位：亿元）

	农业产值	谷物及其他作物	谷物	油料	棉花	糖料	烟草	蔬菜园艺	其他作物
北京	145.2	12.4	9.7	0.5	—	—	—	79.2	45.0
天津	244.3	45.0	36.2	1.3	1.3	—	—	161.9	36.8
河北	3 459.4	969.1	688.9	78.4	66.2	3.7	0.5	1 779.4	552.3
京津冀	3 848.9	1 026.5	734.8	80.2	67.5	3.7	0.5	2 020.5	634.1
全国	59 287.8	21 790.3	13 426.6	2 109.9	930.5	698.5	637.5	24 340.0	8 900.4
	牧业产值	**牲畜饲养**	**牛**	**羊**	**奶产品**	**猪饲养**	**家禽饲养**	**捕猎**	**其他畜牧业**
北京	122.7	31.9	9.2	5.7	16.2	54.3	33.9	—	2.6
天津	140.9	45.8	17.5	5.5	22.6	70.6	24.0	—	0.4
河北	1 939.2	589.4	254.7	180.7	140.1	686.6	461.3	—	201.9
京津冀	2 202.8	667.1	281.4	191.9	178.9	811.5	519.2	—	204.9
全国	31 703.2	8 105.1	3 826.0	2 131.8	1 481.2	14 368.5	7 619.1	63.4	1 542.1
	渔业产值	**海水产品**	**其中养殖**	**内陆水产品**	**其中养殖**	**林业产值**	**林木培育和种植**	**竹木采运**	**林产品**
北京	9.2	1.5	—	7.7	—	52.2	50.7	1.5	—
天津	89.0	28.2	7.2	60.7	51.5	8.4	7.0	1.4	
河北	211.0	143.5	89.9	67.4	55.0	132.3	99.6	5.1	27.6
京津冀	309.2	173.2	97.1	135.8	106.5	192.9	157.3	8	27.6
全国	11 602.9	5 333.5	2 317.0	6 269.4	5 292.4	4 631.6	1 852.5	1 164.5	1 614.6

数据来源：中国农业年鉴2017。

1.1.5　农业产品生产情况

表1.6～表1.8为2016年京津冀地区主要农产品产量、占全国产量比重及单产情况。可以看出：

（1）京津冀仅有蔬菜、蛋、奶3种产品产量占全国比重超过了10%，其中奶最高，为15.13%，其次为蛋（13.18%），蔬菜排在第三位，为11.06%。由此说明，奶、蛋、蔬菜是京津冀相对具有优势的农产品。糖料、烟叶和林产品中的木松地板比重较低，均未超过1%。

（2）京津冀林产品产量比重总体偏低，最高的为人造板（5.75%）。

（3）8种主要农产品中，粮食、油料、薯类、蔬菜、瓜果、烟叶等6种产品单产高于全国，其中薯类超出比例最高，达到51.09%，第二为蔬菜（48.40%）；棉花和糖料单产低于全国水平，分别为19.13%和33.53%。在土地、水资源条件相对缺乏的情况下，单产的提高得益于科技的作用。

表1.6　2016年京津冀主要农产品产量占全国比重及单产（单位：千克/公顷）

地区	粮食		棉花		油料		糖料	
	比重	单产	比重	单产	比重	单产	比重	单产
北京	0.09%	6 148	—	1 164	0.02%	2 523	—	—
天津	0.32%	5 497	0.44%	1 641	0.04%	2 394	—	—
河北	5.61%	5 469	5.65%	1 038	4.31%	3 342	0.75%	48 363
京津冀	6.02%	5 705	6.09%	1 281	4.37%	2 753	0.75%	48 363
全国	100%	5 452	100%	1 584	100%	2 567	100%	72 755
地区	薯类		蔬菜		瓜果		烟叶	
	比重	单产	比重	单产	比重	单产	比重	单产
北京	0.03%	6 347	0.23%	38 688	0.17%	39 524	—	2 250
天津	0.03%	6 851	0.56%	54 106	0.28%	47 188	—	—
河北	3.17%	3 818	10.27%	66 279	6.00%	54 043	0.22%	2 168
京津冀	3.23%	5 672	11.06%	53 024	6.45%	46 918	0.22%	2 209
全国	100%	3 754	100%	35 730	100%	39 322	100%	2 141

数据来源：中国农业年鉴2017。

表1.7　2016年京津冀主要农产品产量和比重（单位：万吨，万头/只）

地区	肉		蛋		奶		水产品	
	产量	比重	产量	比重	产量	比重	产量	比重
北京	30.4	0.36%	18.3	0.59%	45.7	1.23%	5.4	0.08%
天津	45.5	0.53%	20.6	0.67%	68.0	1.83%	39.4	0.57%
河北	457.7	5.36%	388.5	12.55%	448.0	12.07%	136.9	1.98%
京津冀	533.6	6.25%	427.4	13.81%	561.7	15.13%	181.7	2.63%
全国	8 537.8	100%	3 094.9	100%	3 712.1	100%	6 901.3	100%

（续表）

地区	猪		牛		羊		家禽	
	出栏	比重	出栏	比重	出栏	比重	出栏	比重
北京	275.3	0.40%	7.4	0.14%	69.6	0.23%	3 882.7	0.31%
天津	374.8	0.55%	20.1	0.39%	68.8	0.22%	7 910.6	0.64%
河北	3 433.9	5.01%	331.9	6.50%	2 303.8	7.51%	60 772.4	4.91%
京津冀	4 084.0	5.96%	359.4	7.03%	2 442.2	7.96%	72 565.7	5.86%
全国	68 502.0	100%	5 110.0	100%	30 694.6	100%	1 237 300.1	100%

数据来源：中国农业年鉴2017。

表1.8　2016年京津冀主要林产品产量和比重情况（单位：万吨）

地区	木材		锯材		人造板		木松地板	
	产量	比重	产量	比重	产量	比重	产量	比重
北京	15	0.19%	—	—	—	—	—	—
天津	18	0.23%	—	—	11	0.04%	112	0.13%
河北	82	1.05%	153	1.98%	1 715	5.71%	70	0.08%
京津冀	115	1.47%	153	1.98%	1 726	5.75%	182	0.21%
全国	7 776	100%	7 716	100%	30 042	100%	83 799	100%

数据来源：中国农业年鉴2017。

1.1.6　农业机械拥有情况

2016年，京津冀农业机械总动力为8 016.42万千瓦，占全国总动力的8.24%；拥有农业机械1 368.36万台/套，占全国农业机械总量的5.95%；拥有温室27.25亿平方米，占全国温室总面积的12.80%（表1.9）。

表1.9　2016年京津冀农业机械年末拥有量（单位：万台/套）

	北京	天津	河北	京津冀	全国	京津冀占比（%）
农业机械总动力（万千瓦）	144.45	470.00	7 401.97	8 016.42	97 245.59	8.24%
大中型拖拉机	0.73	1.54	29.87	32.14	645.35	4.98%
小型拖拉机	0.13	0.22	131.81	132.16	1 671.61	7.91%
大中型拖拉机配套家具	1.02	3.22	53.8	58.04	1 028.11	5.65%

（续表）

	北京	天津	河北	京津冀	全国	京津冀占比（%）
小型拖拉机配套家具	0.22	1.45	173.39	175.06	2 994.03	5.85%
种植机械合计	13.98	29.49	676.64	720.11	11 517.91	6.25%
温室（万平方米）	19 538	35 388	217 556	272 482	2 128 878	12.80%
初加工动力机械	0.52	2.29	94.54	97.35	1 555.76	6.26%
初加工作业机械	0.51	0.64	48.34	49.49	1 449.6	3.41%
畜牧养殖机械	1.49	0.73	15.18	17.40	734.19	2.37%
渔业机械	1.25	6.05	6.71	14.01	433.28	3.23%
林果业机械	0.47	0.03	0.40	0.90	46.07	1.95%
手扶变型运输机	—	—	0.28	0.28	78.78	0.36%
农用挂车	0.31	0.15	67.10	67.56	771.95	8.75%
农田基本建设机械	0.08	0.37	3.41	3.86	50.63	7.62%

数据来源：中国农业年鉴2017。

1.2 农业科技现状

1.2.1 农业专业技术人员情况

2016年，全国农林牧渔业公有经济企事业单位共有专业技术人员105.9万人，占当年企事业单位专业技术人员的3.42%，京津冀中河北这一比例最高，但仍低于全国0.56个百分点，为2.86%；天津自然科学和社会科学专业技术人员中农林牧渔业共有5 191人，占专业技术人员总数的1.24%；北京公有经济企事业单位专业技术人员中农业技术人员4 400人，占比为0.82%（表1.10）。

表1.10 2016年京津冀分行业专业技术人员

	总计	农林牧渔业	农林牧渔业占比（%）
北京（人）	533 737	4 400	0.82%
天津（人）	416 815	5 191	1.24%
河北（人）	1 196 542	34 270	2.86%
全国（万人）	3 094.0	105.9	3.42%

数据来源：中国科技统计年鉴2017，北京统计年鉴2017，天津统计年鉴2017，河北统计年鉴2017。

1.2.2 研发机构及R&D人员情况

从学科分布看，京津冀在农业学科方面，无论是研发机构数量，还是机构研究与试验发展（R&D）人员和机构R&D经费支出均与其他学科相比处于较低水平。以北京为例，2016年，在自然科学、农业科学、医药科学、工程与技术科学、人文与社会科学五大学科中，北京农业科学单位内部开办研发机构的数量和占比均为最低，分别为87家和3.67%；R&D人员数量为6 056人，比2015年减少305人，减少了近5%；R&D经费支出为31.61亿元，虽比2015年增长了14.94%，但也仅仅高于人文与社会科学。从项目（课题）服务的国民经济行业看，农林牧渔业又相对占有优势。2016年，北京服务于农林牧渔业的R&D项目（课题）数和经费内部支出分别达到7 958项和21.34亿元，在20个行业中均排名第5位[①]。

规模以上农副产品加工工业企业R&D活动情况也可反映京津冀农业研发状况。2016年，北京有R&D活动的企业31个，占企业数的23.31%，明显高于全国12.72%的水平；北京、天津、河北三地R&D经费内部支出共13.43亿元，三地分别为2.39亿、5.87亿和5.17亿元，天津和河北明显高于北京[②]。

1.2.3 农业教育情况

表1.11为2016年京津冀农业教育情况。可以看出，京津冀农业教育体系完善，包括研究生教育、高等学校本专科和中等职业教育三级。京津冀农学研究生在校学生数，高等学校本专科毕业生数、招生数、在校学生数在全国占比均超过了10%，分别为15.32%、11.26%、10.54%和11.15%。北京在农学研究生培养方面优势明显，在校研究生8 818人，为河北的5.27倍，天津的19.77倍。

表1.11 2016年京津冀农业教育情况（单位：人）

		北京	天津	河北	京津冀	全国
农林院校数（所）		4	1	—	—	—
农学研究生情况	毕业生	2 643	—	566	—	21 795
	招生数	3 210	—	751	—	26 957
	在校学生数	8 818	446	1 673	10 937	71 423
高等学校本专科	毕业生数	9 273	3 392	8 492	21 157	187 905
	招生数	9 460	3 272	8 659	21 391	202 880

① 北京统计年鉴2017。

② 中国科技统计年鉴2017，北京统计年鉴2017，天津统计年鉴2017，河北统计年鉴2017。

（续表）

		北京	天津	河北	京津冀	全国
高等学校本专科	在校学生数	36 027	12 203	27 868	76 098	682 795
	教职工数	3 723	939	—	—	—
中等职业教育	毕业生数	481	2 279	20 696	23 456	—
	招生数	130	1 661	17 083	18 874	—
	在校学生数	917	4 454	55 063	60 434	—

注：中等职业教育含中专和职高，数据为农林牧渔类与轻纺食品类之和。

数据来源：中国科技统计年鉴2017，北京统计年鉴2017，天津统计年鉴2017，河北统计年鉴2017。

1.3 小结

京津冀地区包括北京市、天津市和河北省，位于36°03′～42°40′N，113°27′～119°50′E，处于中纬度亚欧大陆的东岸。气候属于温带半湿润半干旱大陆性季风气候，四季分明；河流较多，以外流河为主；土壤类型较多，褐土分布最广，潮土次之，棕壤第三。该地区开发历史悠久，存在众多人工植被类型，以草本农作物类型为主。近年来，在由传统农业向现代农业转型升级的过程中，在发展都市型农业、设施农业、生态农业、智慧农业方面均取得了显著成绩，这其中农业科技的创新发挥了重要作用。

京津冀地区的农业基本情况有以下几方面的特点：第一，河北省农用地和耕地面积均最高，北京高于天津；京津冀整体耕地占农用地比例高，但人均耕地面积低。第二，三地用水总量及农业用水量均低于全国平均水平。第三，河北乡村人口和农业就业人员占比高于全国平均水平，北京、天津较低。第四，京津冀农林牧渔业增加值占生产总值的比重呈逐年下降趋势。第五，河北农业比重占农业总产值最高，京津冀整体大于全国平均水平。第六，奶、蛋、蔬菜是京津冀相对具有优势的农产品；温室面积占比较大；多种农产品单产高于全国平均水平。

京津冀地区的农业科技发展现状有以下三方面的特点：第一，京津冀农业专技人员占比相对较低。第二，相比于其他学科，京津冀农业学科的研发机构数量、机构R&D人员以及机构R&D经费支出均相对较低。第三，从项目（课题）服务的国民经济行业看，农林牧渔业相对占有优势；农副产品加工工业企业的R&D活动明显高于全国平均水平。第四，京津冀农业教育体系完善。京津冀农学研究生在校学生数，高等学校本专科毕业生数、招生数、在校学生数在全国占比均超过10%，北京在农学研究生培养方面优势明显。

整体来看，京津冀地区的农业土地、水资源等条件相对匮乏，其农产品单产的提高得益于科技的作用。此外，京津冀地区也拥有雄厚的农业科研力量，为其农业科技的发展奠定了坚实的基础。

2 京津冀农业领域项目资助情况

2.1 北京市农业科学类项目情况

2018年，北京市市级项目中，涉及农业科学类的项目共8项，其中农业科学专属项目3个，自然科学综合类项目5个，综合类项目中对重点、优先支持的农业相关领域均做出了标示。综合各类项目对农业科学的资助领域，大致集中在以下几个方面：植物保护；作物育种；动物疫病和动物源疾病的诊断、控制；畜禽养殖技术；动植物种质资源的保护与开发；土壤改良；水高效利用；农产品加工和贮藏；设施农业系统建设；农业废弃物循环利用；环保与生态建设；新型农村建设；地区/国际合作以及农业相关软科学领域。

8个项目中有6个来自北京市科学技术委员会，分别是：北京市自然科学基金、京津冀协同创新推动专项、社会发展领域储备课题、农业农村领域储备课题、国际合作专项、软科学研究，农业农村领域储备课题为农业科学类专属项目。北京市自然科学基金分为面上项目、重点项目和青年项目，面上项目资助的农业科学类项目主要围绕农业科学的基础、前沿和热点科学问题，并结合北京都市型现代农业发展及北京国家现代农业科技城建设对科技的需求；重点项目中明确了重点资助的农业相关领域为动物疫病新型疫苗与诊断技术的分子基础，动物病原的致病性与免疫机制，北京平原造林病虫害成灾机制，果蔬作物病虫害绿色防控基础研究，真菌毒素的代谢及检测新技术。京津冀协同创新推动专项资助领域包括雄安新区建设以及利用现代农业技术帮扶河北张承地区，重点支持北京现代农业科技成果落地转化带动当地农业产业转型升级。社会发展领域储备课题重点支持农业领域方向为农村生活垃圾处理和区域协同发展环境综合治理重大工程基础性研究两个方向。农业农村领域储备课题重点围绕北京市农业供给侧结构性改革、推动首都食品安全与营养健康产业创新发展，加快农业农村创新创业，培育农村发展新动能等科技需求进行领域资助。国际合作项目中，重点开展推动企业走出去开展海外布局、共建联合实验室、企业走出去专业服务支撑、适用技术培训班共4类工作任务。软科学研究主要是为政府提供决策咨询支撑，分为科技前沿与创新发展研究以及市政府专家咨询委员会决策咨询类课题。

2个项目来自北京市农村工作委员会，分别为：支农资金农业科技示范推广项目和新型职业农民培育项目，均为农业科学专属项目。支农资金分为农业科技示范推广项目、新型生产经营主体科技能力提升项目两个类别予以支持。新型职业农民培育项目主要包括果菜茶（蔬菜）种植大户示范培育，养殖大户示范培育，休闲农业和乡村旅游以及农产品加工人才示范培育3个方面。表2.1为北京市农业科学类项目的详细信息。

表2.1 北京市农业科学类项目信息

序号	项目名称	子项目/专题/主题名称	重点支持的领域	资助经费及项目期限
1	北京市自然科学基金[①]	共805项。其中重点项目（23项）、面上项目（541项）、青年科学基金项目（241项）、重点项目（16项）	重点项目资助：动植物病虫害发生与控制的基础研究 面上项目资助：籽种产业、设施农业、农业资源高效利用、健康养殖、农产品加工等方向，加强对动植物种质资源挖掘、评价、保护与创新，动植物营养与调控，动植物有害生物防控，农田质量与生态修复等方向的资助，鼓励农业科学与信息科学融合交叉的基础科学问题研究	面上项目不超过20万元/项；青年基金不超过10万元/项；重点项目不超过80元万/项；项目总资助经费14 904万元
2	京津冀协同创新推动专项[②]	2个方向共5个重点领域	支持方向：一是重点区域协同创新，包括支持雄安新区建设，引导首都科技成果应用于雄安新区城市建设、生态环境治理等方面，促进雄安新区绿色发展。支持张承生态功能区建设，支持现代农业领域整合创新资源，深入河北张承贫困地区开展扶智、扶志、扶技行动，带动建档立卡贫困户脱贫，提高当地农民收入。二是成果转化与产业协同，重点支持北京现代农业科技成果落地转化	（1）支持雄安新区建设，不超过800万元 （2）支持张承生态功能区建设，不超过400万元 （3）北京现代农业科技成果落地转化，不超过600万元

① http：//kw.beijing.gov.cn/art/2017/12/29/art_1055_71062.html 2018年度北京市自然科学基金拟资助项目公告

② https：//mis.bjkw.gov.cn：8443/out/typt/staticHTML/publicShow_2551.html关于征集2018年京津冀协同创新推动专项储备课题的通知

（续表）

序号	项目名称	子项目/专题/主题名称	重点支持的领域	资助经费及项目期限
3	社会发展领域储备课题①	8个方向共17个重点领域	针对农村生活垃圾就地分离、就地处理的技术及设备、运营服务，开发运行管理模式可行、操作简易、运行成本低的设备，并适合在村级（单村或多村联合）使用 东南发展区土壤-地下水跨介质污染监测调查与治理技术评估；城市副中心及周边地区生态演化特征与承载力提升技术途径研究；西北涵养区受损生态空间调查评估与生态完整性修复技术方法研究	
4	农业农村领域储备课题②	北京特色品种优化选育及成果应用（10项）；都市农业双新双创科技促进（11项）；营养健康关键技术研究及产业培育（8项）；食品安全高效监管检测技术、标准、装备等研究与科技示范（9项）	（1）围绕品种优化、品质提升、品牌创优，培育具有高附加值的作物、蔬菜、花卉、水产、食用菌等特色优新品种，集成研究良种良法、农机农艺配套技术与装备，并开展应用示范。（2）以绿色生态发展为指引，开发农业新功能，培育生态农业、空间园艺和互联网+农业等都市现代农业新业态，提升农业科技附加值、文化附加值、加工附加值、绿色附加值和效益附加值，促进一二三产业融合；推动科技特派员创新创业，打造北京特色的“星创天地”，为培育“一懂两爱”的农村科技队伍提供支撑服务，带动农民增收致富，推动城乡融合发展。（3）开展食品原料营养成分、功能因子筛选与绿色制备，食品功能因子稳态化控制及靶向递送、营养功能评价等关键技术，开发营养强化食品、功能食品等新产品。（4）开展食品安全风险物质检测技术、标准和方法研究，食品危害物非定向筛查和确证关键技术研究，快速检测试剂与装备开发等，推动食品安全检测准确高效，提升首都食品安全检测监控科技支撑能力	

① http：//kw.beijing.gov.cn/art/2018/2/5/art_19_42543.html# 关于征集社会发展领域储备课题的通知

② http：//kw.beijing.gov.cn/art/2018/1/25/art_19_42396.html# 关于征集2018年农业农村领域储备课题的通知

（续表）

序号	项目名称	子项目/专题/主题名称	重点支持的领域	资助经费及项目期限
5	北京市支农资金农业科技示范推广项目[①]	分为农业科技示范推广项目、新型生产经营主体科技能力提升项目两个类别予以支持	农业科技示范推广项目：（1）高效农业生产技术示范推广。（2）生态农业技术示范推广。（3）农产品质量安全技术示范推广。（4）现代种业繁育技术示范推广 新型生产经营主体科技能力提升项目：继续支持以带动低收入村为重点的新型生产经营主体对接工作	
6	新型职业农民培训项目[②]	农业生产发展资金新型职业农民培育工程中央转移支付专项	果菜茶（蔬菜）种植大户示范培育：标准化建园技术、土肥水高效利用技术、绿色防控技术、采后处理技术；养殖大户示范培育：主要是新型职业渔民示范培育；休闲农业和乡村旅游以及农产品加工人才示范培育：以休闲农业和乡村旅游管理服务人员以及农产品初加工人员为主，在规划设计、经营管理、创意文化、实用技术等方面，分类、分层开展相关培训。	按照新增培育培训任务人均补贴3 000元、跟踪培养任务人均补贴2 000元的标准，转移支付预算经费
7	国际合作专项[③]	5类工作任务共78项具体任务	企业走出去海外布局：大北农南美转基因作物研发中心建设；共建联合实验室：（1）新能源、新材料、节能环保类。中加联合生物质能源研究创新中心；有机垃圾资源化与能源化实验室；中国—瑞典大气环境科学与技术联合实验室；中德水环境与健康联合实验室。（2）科技服务类。中国—挪威鱼类消化道微生物联合实验室；中俄马铃薯联合实验室；企业走出去专业服务支撑：中国涉农企业走出去技术支持与服务	

① http：//www.bjnw.gov.cn/zfxxgk/fgwj/zcxwj/201707/t20170726_387187.html

② http：//nyj.beijing.gov.cn/nyj/232120/233036/8046347/index.html

③ http：//kw.beijing.gov.cn/art/2018/7/31/art_19_73431.html# 关于公示2018年度拟立项国际科技合作专项工作任务名单的通知

（续表）

序号	项目名称	子项目/专题/主题名称	重点支持的领域	资助经费及项目期限
8	软科学[①]	分为科技前沿与创新发展研究以及市政府专家咨询委员会决策咨询类课题	科技前沿与创新发展研究：生物育种前沿技术发展前沿跟踪及预测研究；重点科技领域发展前沿跟踪和预测综合情报支撑研究；重点科技领域国内外发展前沿跟踪及预测研究 市政府专家咨询委员会决策咨询：京津冀协同发展首都水资源保障战略研究；首都城市再生水循环利用研究；高精尖产业发展重大项目实施与龙头企业培育机制研究；国外产业型智库的运作管理模式及启示研究；科技成果的权属问题研究；京津冀科技创新园区链构建路径和模式研究	不超过30万元

2.2 天津市农业科学类项目情况

2018年天津市市级项目中，涉及农业科学的项目主要来自天津市科学技术委员会[②]和天津市农村工作委员会[③]的资助，经查询两家单位网站公开信息，涉农项目共有28项，其中农业科学专属项目14个，自然科学综合类项目14个，综合类项目中对重点、优先支持的农业相关领域均做出了标示。其资助的领域和方向可以概括为：现代、健康、安全、环保、节能、特色农业，同时突出一二三产业和京津冀农业的协同发展，以及农业技术的一体化和集成示范。

14个农业科学专属项目有10个来自天津市农村工作委员会，4个来自天津市科学技术委员会。分别为科技帮扶提升重大工程项目、天津市农业科技园区项目、种业科技重大专项、一二三产业融合发展科技示范工程项目、现代都市型农业池塘改造项目、天津郊区发展调查研究计划课题、水产种业发展扶持项目、工厂化养殖循环水设备维护项目、第十批农业产业化经营市级重点龙头企业认定、

① http：//kw.beijing.gov.cn/art/2018/1/9/art_19_41867.html# 关于开展2018年软科学研究课题公开征集工作的通知

② http://kxjs.tj.gov.cn/

③ http://nync.tj.gov.cn/

农产品网络销售全覆盖项目、绿色高质高效创建区项目、重大农业科技成果转化与推广项目、第二批天津市农业重大科技推广项目和放心猪肉工程2018年畜产品质量安全自检室建设项目。这些项目中，资金支持力度较大的如下：科技帮扶提升重大工程项目重点支持3类项目，为科技帮扶产业项目、科技特派员创新创业项目和优秀科技特派员支持项目。科技帮扶产业项目重点支持奶牛、生猪、蛋鸡、水产、蔬菜、林果等天津市发展现代化都市农业支柱产业的特色种养殖领域的技术开发与集成应用示范项目，资助额度为80万～100万元，项目周期为3年。天津市农业科技园区项目对园区公共服务平台建设、农业高新技术孵化、成果转移转化3个方向进行资助，每个项目资助额度为100万～200万元。种业科技重大专项重点支持4个方向，即种质资源收集、评价、保护及利用，新品种培育及种质创制，品种的选育及改良，建立商业化育种体系，每个项目资助额度在50万～100万元。一二三产业融合发展科技示范工程项目也支持4个方向，即发展高效绿色农业，推进优质农产品生产；农产品产地初加工、精深加工和副产物综合利用；拓展农业多种功能，催化新的产业形态；产业融合与新型现代农业经营体系构建，每个项目支持额度为50万～100万元。现代都市型农业池塘改造项目对15个项目进行资助，资金支持合计达到1 177.085万元。重大农业科技成果转化与推广项目对15个领域进行资助，包括地域品牌农产品品质提升技术集成与示范；农业农村环境治理关键技术集成与示范；农业高效节水灌溉技术集成示范；设施蔬菜精品化绿色轻简技术示范；南美白对虾生态养殖技术推广；中药材优势品种引进与技术集成示范；“四区两平台”建设及农业供给侧结构性改革发展研究；农产品品牌统一标识规划；现代种业；绿色种养；循环农业；美丽乡村建设；农业工程；农产品加工等。该推广项目拟分两批对37个项目进行资助，每个项目资金额度最低为50万元，合计达到3 945万元。

14个自然科学综合类项目均来自天津市科学技术委员会，包括天津市自然科学基金、新一代人工智能科技重大专项、天津市科技领军（培育）企业认定及支持项目、天津市重点实验室、生态环境治理科技重大专项项目、安全天津与城市可持续发展科技重大专项、天津市科学技术普及项目、互联网跨界融合创新科技重大专项、科技发展战略研究计划项目（软科学研究项目）、京津冀协同创新项目、“一带一路”科技创新合作项目、天津市青年人才托举工程、天津市重点新产品、科技支撑重点项目等。上述项目的重点、优先资助领域和方向均含有农业科学。如天津市自然科学基金包括农业科学领域，主要方向为农业生物技术，农业生物资源与农业生态环境，农作物与园艺作物，畜牧兽医与水产，食品和农产品贮藏、保鲜与加工，植物保护等。天津市科技领军（培育）企业认定及支持项目涵盖了现代农业领域，资金支持额度分别为300万元和500万元。生态环境治理科技重大专项项目包括面向农村供暖的替代性非化石新能源技术和氮磷营养全过程控制的新型环境友好种养模式研究与示范等方向，每个项目资助资金额度为50万～200万元。互联网跨界融合创新科技重大专项包括新型智慧农业全产业链产销体系建设和“互联网+现代农业”精准化生产关键产品研发2个方向，每个项目资助资金额度为50万～200万元。表2.2为天津市农业科学类项目的详细信息。

表2.2　天津市农业科学类项目信息

序号	项目名称	子项目/专题/主题名称	重点支持的领域	资助经费及项目期限
1	新一代人工智能科技重大专项[①]	3个大类，11个方面，16个方向	农业植保等相关领域的应用示范研究	单个项目支持100万～200万元
2	科技帮扶提升重大工程项目（重点支持3类项目）[②]	科技帮扶产业项目	重点支持奶牛、生猪、蛋鸡、水产、蔬菜、林果等天津市发展现代化都市农业支柱产业的特色种养殖领域（包括但不限于特色品种、特色产业模式）的技术开发与集成应用示范	项目资助额度为80万～100万元，项目周期为3年
		科技特派员创新创业项目	重点支持农业科技特派员（需提供国家特派员编号）在帮扶过程中发挥技术、管理等优势创办、领办的科技型企业	项目资助额度为30万元，项目周期为3年
		优秀科技特派员支持项目	重点支持当年获得推荐的优秀农业科技特派员在科技帮扶工作中所从事的新技术、新品种的技术开发与推广应用	项目资助额度为5万元，项目周期为1年

① http：//kxjs.tj.gov.cn/zxbs/zjtz/201809/t20180927_140292.html

② http：//kxjs.tj.gov.cn/xinwen/tzgg/201807/t20180713_139035.html

（续表）

序号	项目名称	子项目/专题/主题名称	重点支持的领域	资助经费及项目期限
3	天津市科技领军（培育）企业认定及支持项目[①]	13个领域	领域11——现代农业领域：（1）科技领军（培育）企业重大项目，主要内容为提升企业创新能力、产业化水平、市场开拓能力、融资能力，规范企业运营能力等。（2）科技领军企业品牌培育项目，主要内容为品牌诊断和定位，规划品牌愿景和目标，提炼品牌核心价值，制定品牌中长期战略，品牌实施及落实，品牌传播和推广等	对于认定的科技领军企业和领军培育企业，支持企业实施重大创新项目（含创新平台建设），分别给予不超过500万元和300万元的财政资金补助
4	天津市农业科技园区项目[②]	市级农业科技园区建设	园区公共服务平台建设、农业高新技术孵化、成果转移转化	每个项目申请资助资金额度为100万～200万元
5	天津市重点实验室[③]	8个学科领域	领域7——农业食品	4年认定一次
6	生态环境治理科技重大专项项目[④]	6个方面，12个方向重点任务	方面1——大气污染防治，方向1：面向农村供暖的替代性非化石新能源技术，工业中低品位余热与区域供暖的热能梯级利用技术；方面6——方向3雄安新区重点区域环境保护科技示范工程：服务于雄安新区建设及白洋淀生态环境改善，围绕景观水体保护以及特色小镇建设的氮磷有效生态检测技术、土壤磷流失阻控材料以及生态缓冲带截留，开展氮磷营养全过程控制的新型环境友好种养模式研究与示范	每个项目申请资助资金额度为50万～200万元

① http：//kxjs.tj.gov.cn/xinwen/tzgg/201807/t20180709_138949.html

② http：//kxjs.tj.gov.cn/xinwen/tzgg/201807/t20180704_138861.html

③ http：//kxjs.tj.gov.cn/xinwen/tzgg/201806/t20180629_138801.html

④ http：//kxjs.tj.gov.cn/xinwen/tzgg/201806/t20180611_138441.html市科委关于征集2018年天津市安全天津与城市可持续发展、生态环境治理科技重大专项的通知

（续表）

序号	项目名称	子项目/专题/主题名称	重点支持的领域	资助经费及项目期限
7	安全天津与城市可持续发展科技重大专项①	10个方向	方向3——城市安全关键技术：包括食品安全监测预警关键技术开发 方向6——乡村宜居关键技术：乡村宜居环境综合治理关键技术开发与应用示范	
8	天津市科学技术普及项目②	一般项目和重点项目	一般项目——科普图书：包括农业种植在内的前沿和热点领域 一般项目——小型科普资源包开发，包括农业种植在内的与青少年密切相关的科普资源包开发	单个项目资助额度不超过10万元
9	互联网跨界融合创新科技重大专项③	4个重点领域和8个征集重点方向	领域3——“互联网”现代农业：方向1新型智慧农业全产业链产销体系建设 领域3——“互联网”现代农业：方向2“互联网+现代农业”精准化生产关键产品研发 领域4——“互联网”环保服务：方向2污染物监测技术研发与示范，包括土壤在内的重污染成因精细化分析和精准控制需求	每个项目申请资助资金额度为50万～200万元
10	科技发展战略研究计划项目（软科学研究项目）④	26个重点招标项目和12个自主选题项目	重点招标项目13：天津市农业科技园区发展规划及政策研究	项目资助额度为10万元

① http：//kxjs.tj.gov.cn/xinwen/tzgg/201806/t20180611_138441.html市科委关于征集2018年天津市安全天津与城市可持续发展、生态环境治理科技重大专项的通知

② http：//kxjs.tj.gov.cn/xinwen/tzgg/201806/t20180607_138392.html关于征集2018年天津市科学技术普及项目的通知

③ http：//www.tjuda.com/zxzt/zxgg/2018-06-11/4396.html市科委关于征集2018年天津市互联网跨界融合创新、新材料科技重大专项的通知

④ http：//kxjs.tj.gov.cn/xinwen/tzgg/201806/t20180605_138339.html 市科委关于征集2018年天津市科技发展战略研究计划项目（软科学研究项目）的通知

（续表）

序号	项目名称	子项目/专题/主题名称	重点支持的领域	资助经费及项目期限
11	京津冀协同创新项目[①]	3类	京津冀三地协同创新项目、服务河北创新发展项目、在京设立研发机构	每个项目申请资助资金额度为30万、50万和75万元
12	“一带一路”科技创新合作项目[②]	中外联合研究中心建设项目、海外研发推广中心建设项目和联合研发及产业化项目3类	联合研发及产业化项目：农业为重点支持领域之一	联合研发与示范项目资助金额一般为30万元，重点项目为50万元
13	种业科技重大专项（4个重点方向）[③]	种质资源收集、评价、保护及利用	针对天津市地方特色的品种、濒危品种、优势品种及产业主导品种开展种质资源收集、评价、保护及利用，建立面向行业的种质资源库，建立健全资源保护和交流利用机制	每个项目申请资助资金额度为50万元、75万元、100万元
		新品种培育及种质创制	支持围绕天津市肉羊、生猪、水稻、小麦、黄瓜、菜花、河蟹等动植物优势种业产业开展育种理论方法和技术研究，突破一批育种关键技术，保持国际领先优势；围绕天津市农业生产和种业产业发展需要，培育主导产业发展，利用分子生物学、细胞生物学手段和胚胎工程、基因编辑等技术，开展新品种培育及种质创制	
		品种的选育及改良	围绕与都市型农业高度关联的种源农业，支持畜牧、水产、食用菌、农作物、蔬菜、经济林、花卉等开展新品种引进，筛选出与天津市生产条件和环境需求相适应的新品种，推动已引进的优良品种本地化	
		建立商业化育种体系，支持种业科技型企业实现产业化	利用京津冀协同发展机遇，推进天津市种业龙头企业与国家院所的人才、技术和资源的有效“对接”，在重大品种特别是本土化大品种上，建立商业化育种体系，提升种业企业竞争优势；建立市场化的技术服务体系	

① http：//kxjs.tj.gov.cn/xinwen/tzgg/201807/t20180704_138862.html 市科委关于征集2018年天津市支持京津冀协同创新项目的通知

② http：//kxjs.tj.gov.cn/xinwen/tzgg/201805/t20180530_138224.html 关于征集2018年天津市“一带一路”科技创新合作项目的通知

③ http：//kxjs.tj.gov.cn/gzcy/zxdc/201805/t20180517_138017.html 市科委关于征集2018年天津市种业科技重大专项与一二三产业融合发展科技示范工程的通知

（续表）

序号	项目名称	子项目/专题/主题名称	重点支持的领域	资助经费及项目期限
14	一二三产业融合发展科技示范工程项目①	发展高效绿色农业，推进优质农产品生产	加工专用优良品种和技术的研究与推广；无公害农产品、绿色食品和农产品地理标志产品生产；农田重金属污染生物修复技术、农艺修复技术的创新及示范	每个项目申请资助资金额度为50万元、75万元、100万元
		农产品产地初加工、精深加工和副产物综合利用	大宗鲜活农产品的商品化预处理、干燥、储藏、保鲜保活等初加工为重点的加工及冷链物流技术和设备创新；开发功能性及特殊人群膳食相关产品；新型非热加工、新型杀菌、高效分离和传统食品工业化关键技术升级与集成应用；酶工程、细胞工程、发酵工程及蛋白质工程等生物制造技术研究与装备研发等；支持食品安全检测试剂研发及食品安全快速检测装备制造；支持农产品污染控制技术研发与应用；支持食品加工危害物控制技术研发与应用；开发高附加值新产品；秸秆、稻壳、米糠、果蔬皮渣、畜禽骨血、水产品皮骨内脏等副产物梯次加工和全值高值利用；信息化、智能化、成套化精深加工装备研制	
		拓展农业多种功能，催化新的产业形态	推广示范新品种、新技术；打造一批形式多样的、特色鲜明的乡村旅游休闲产品；集聚创新创业人才和特色主导产业，建设具有创新发展能力的特色村镇	
		产业融合与新型现代农业经营体系构建	培育壮大农业产业化龙头企业，打造产业融合领军型企业	

① http：//kxjs.tj.gov.cn/gzcy/zxdc/201805/t20180517_138017.html 市科委关于征集2018年天津市种业科技重大专项与一二三产业融合发展科技示范工程的通知

（续表）

序号	项目名称	子项目/专题/主题名称	重点支持的领域	资助经费及项目期限
15	天津市重点新产品[①]	现代农业	水产健康养殖相关产品；水产养殖环境保护与生态修复装备；畜禽健康养殖及相关产品；无土栽培设施；新型农作物生长病虫害防治产品；农业环境控制设备；农业物联网相关设备及软件；农业节水设备与设施；智能农机装备；工厂化立体种植、养殖设备	通过后补助方式给予不超过20万元的市财政补助资金
		新型农资及农业信息化	土壤污染修复装备；土壤微生态修复产品；重金属土壤污染高效钝化阻控材料；环保型缓释肥料及生物肥料；新型复合农膜；生物农药；生物兽药及兽用生物制品疫苗；现代中兽药产品；农业废弃物无害化处理设备	
		农产品加工及食品科技	生物资源深度加工产品；食品安全检测试剂及装备；农兽药残留快速检测仪器与设备；食品加工装备；农林产品储藏、保鲜与加工设备；其他高新技术现代农业产品	
		资源环境	资源循环利用技术设备及新产品：农林废物资源化利用装备	
16	天津市自然科学基金	面上项目（约150项）、重点项目（约100项）、青年项目（约150项）[②]，绿色通道项目（约40项）[③]、杰出青年基金项目（约30项）[④]	领域S——农业科学：主要方向S01农业生物技术；S02农业生物资源与农业生态环境；S03农作物与园艺作物；S04畜牧兽医与水产；S05食品和农产品贮藏、保鲜与加工；S06植物保护	面上项目每项资助10万元，重点项目每项资助20万元，青年项目每项资助6万元，绿色通道项目每项资助10万元，杰出青年基金项目每项资助100万元

① http：//kxjs.tj.gov.cn/xinwen/tzgg/201805/t20180504_137746.html 市科委关于征集2018年天津市重点新产品项目的通知

② http：//kxjs.tj.gov.cn/xinwen/tzgg/201710/t20171027_133767.html 市科委关于征集2018年天津市自然科学基金项目的通知

③ http：//kxjs.tj.gov.cn/xinwen/tzgg/201804/t20180418_137462.html 市科委关于征集2018年度天津市自然科学基金绿色通道项目的通知

④ http：//kxjs.tj.gov.cn/xinwen/tzgg/201804/t20180418_137461.html 市科委关于征集2018年度天津市杰出青年科学基金项目的通知

（续表）

序号	项目名称	子项目/专题/主题名称	重点支持的领域	资助经费及项目期限
17	科技支撑重点项目①	15个领域61个方向	领域12——现代农业领域：健康养殖及其投入品；安全种植及其投入品；循环农业；食品安全控制及检测；农产品加工储运与农机装备；节水技术及装备	资助金额分为30万元、50万元、75万元、100万元
18	现代都市型农业池塘改造项目②	共15个项目	农业池塘改造	14万～235.76万元，合计1 177.085万元
19	天津郊区发展调查研究计划课题③	4个方向	方向1：实施乡村振兴战略的路径研究；方向2：农村改革开放回顾与展望；方向3：推进现代都市型农业高质量发展的战略研究；方向4："三农"政策体系研究	
20	水产种业发展扶持项目④	2类8个项目	基础建设类3个，保种育种类5个	
21	工厂化养殖循环水设备维护项目⑤	6个项目	工厂化尾水处理；自动固体颗粒物过滤、压榨等系统设施；气浮与水源热泵机组等；固体采集池、曝气池、生物滤池、藻类净化池、臭氧消毒池建设等	项目累计投资约609万元，其中市财政经费支持300万元，企业自筹约309万元；项目截至2018年12月31日

① http：//kxjs.tj.gov.cn/xinwen/tzgg/201801/t20180108_135608.html 市科委关于征集2018年天津市重点研发计划科技支撑重点项目的通知

② http：//nync.tj.gov.cn/zwgk/tzgg/201809/t20180928_33307.html 现代都市型农业池塘改造项目资金申报公示

③ http：//nync.tj.gov.cn/zwgk/tzgg/201808/t20180821_26250.html 2018年天津郊区发展调查研究计划课题指南

④ http：//nync.tj.gov.cn/zwgk/tzgg/201807/t20180720_25830.html 关于《水产种业发展扶持项目》评审结果公示的请示

⑤ http：//nync.tj.gov.cn/zwgk/tzgg/201807/t20180720_25824.html 关于天津市工厂化养殖循环水设备维护项目申报情况的公示

（续表）

序号	项目名称	子项目/专题/主题名称	重点支持的领域	资助经费及项目期限
22	第十批农业产业化经营市级重点龙头企业认定[①]		以农产品生产、加工或流通为主业，通过合同、合作、股份合作等利益联结方式与中介组织或农户紧密联系，使农产品生产、加工、销售有机结合、相互促进，在企业规模和生产经营指标上达到规定条件并经市人民政府批准认定的企业	财政扶持；税收优惠；金融信贷服务；科技创新扶持；现代物流业和国际市场开拓；申报国家重点龙头企业等[②]
23	天津市青年人才托举工程[③,④,⑤]	20名左右（农业部门申报2人）	自然科学领域从事基础研究、工程技术应用、成果推广转化等工作的基层一线科技工作者	每人每年15万元标准给予专项资助，连续支持3年
24	农产品网络销售全覆盖项目[⑥]	重点支持5个方向	发展区域农产品电商服务平台；电商企业扩大销售农产品规模；规模新型农业经营主体自建网络销售平台；完善市级公共服务平台建设；支持开展“网农对接”系列活动	
25	绿色高质高效创建区项目[⑦]	2类	粮食绿色高质高效创建区项目、蔬菜绿色高质高效创建区项目	

① http：//nync.tj.gov.cn/zwgk/tzgg/201807/t20180712_25646.html 市农委关于开展第十批农业产业化经营市级重点龙头企业申报工作的通知

② http：//www.china.com.cn/guoqing/gbbg/2012-01/20/content_24456797.htm 市农委关于开展第十批农业产业化经营市级重点龙头企业申报工作的通知

③ http：//www.tast.org.cn/system/2018/06/05/011274876.shtml 关于开展第二批“天津市青年人才托举工程”人选评选工作的通知

④ http：//nync.tj.gov.cn/zwgk/tzgg/201807/t20180706_25586.html 市农委关于第二批“天津市青年人才托举工程”人选推荐的公示

⑤ https：//www.tjrc.gov.cn/Notice/NoticeDetail.aspx？ppd=f662b383-7846-4779-9de0-96a3bf163376 市科协关于开展2017年度“天津市青年人才托举工程”人选评选工作的通知

⑥ http：//nync.tj.gov.cn/zwgk/tzgg/201806/t20180611_24895.html 2018年天津市农产品网络销售全覆盖项目申报指南

⑦ http：//nync.tj.gov.cn/zwgk/tzgg/201805/t20180528_17974.html 市农委种植业办关于2018年绿色高质高效创建区项目评审结果的公示

（续表）

序号	项目名称	子项目/专题/主题名称	重点支持的领域	资助经费及项目期限
26	重大农业科技成果转化与推广项目①	第一批28个项目② 第二批9个项目③	两类15个领域——政府资金引导科技专项类：地域品牌农产品品质提升技术集成与示范，农业农村环境治理关键技术集成与示范，农业高效节水灌溉技术集成示范，设施蔬菜精品化绿色轻简技术示范，南美白对虾生态养殖技术推广，中药材优势品种引进与技术集成示范，“四区两平台”建设及农业供给侧结构性改革发展研究，农产品品牌统一标识规划；农业先进、关键技术的引进、示范与推广类：现代种业，绿色种养，循环农业，美丽乡村建设，农业工程，农产品加工	项目分3类：（1）50万元以下；（2）50万～100万元；（3）100万元以上：第一批40万～50万元，合计1 945万元；第二批每个项目180万～300万元，合计2 000万元
27	第二批天津市农业重大科技推广项目④	已报送39项	作物、果蔬、食用菌新品种引进、培育、产业化开发、技术集成与示范推广；高效智能灌溉技术集成与示范；畜禽新品种引进、繁育、养殖一体化技术示范；节能减排技术	
28	放心猪肉工程2018年畜产品质量安全自检室建设项目⑤，⑥	180个自检室	出栏1 000头以上规模化生猪养殖场畜产品质量安全自检室，实现养殖信息、投入品使用及自检数据同步上传	每个自检室5万元，合计900万元

① http：//nync.tj.gov.cn/zwgk/tzgg/201803/t20180311_1223.html 市农委关于2018年天津市农业科技成果转化与推广项目（第一批）资金分配情况的公示

② http：//nync.tj.gov.cn/zwgk/tzgg/201803/t20180311_1246.html 市农委关于印发2018年度天津市农业科技成果转化与推广项目申报指南的通知

③ http：//nync.tj.gov.cn/zwgk/tzgg/201804/t20180413_1749.html 市农委关于2018年天津市重大农业科技成果转化与推广项目资金分配结果的公示

④ http：//nync.tj.gov.cn/zwgk/tzgg/201803/t20180311_1196.html 市农委关于2018年度第二批天津市重大农业科技推广项目报送情况的公示

⑤ http：//nync.tj.gov.cn/zwgk/tzgg/201803/t20180311_1209.html 市农委关于天津市放心猪肉工程2018年畜产品质量安全自检室建设项目申报情况的公示

⑥ http：//jiuban.moa.gov.cn/fwllm/qgxxlb/qg/201703/t20170321_5532224.htm 天津市财政两年安排预算资金5880万元支持放心猪肉工程建设

2.3　河北省农业科学类项目情况

2018年河北省省级项目中[①]，涉及农业科学的项目有13项，其中农业科学专属项目4个，自然科学综合类项目9个，综合类项目中对重点、优先支持的农业相关领域均做出了标示。资助重点领域为现代、数字、健康、环保、精准农业，生物技术育种，农业平台开发。

4个农业科学专属项目分别为农业关键共性技术攻关专项、绿山富民科技工程（专项）、现代农业科技奖励性后补助专项、环首都现代农业科技示范带及农业科技园区建设专项。农业关键共性技术攻关专项是河北省科技厅围绕完善全省现代农业产业创新链，重点加强农业各领域全产业链进行科技创新，提高农产品供给产量和质量，突破农业技术难关，改善农村生态环境，提升农业可持续发展能力和水平。该项目共分为7个专题，每个专题下又细分数个优先主题，涵盖粮食作物、棉花、油料、林业、果树、蔬菜、畜禽、草业、农业生态和生物制品等领域；绿山富民科技工程立足河北省山区产业技术发展需求，外协京津等周边市县，下设11个优先主题，围绕山区绿色果品、绿色蔬菜、生态养殖、食用菌等八大特色优势产业进行技术成果转化，促进山区经济发展和农民持续增收；现代农业科技奖励性后补助专项的设立目标是推进河北省农业供给侧结构型改革，强化农业全产业链共性关键技术成果集成与推广应用，发展观光农业、体验农业、创意农业等新型业态，下设2个专题和4个优先主题；环首都现代农业科技示范带项目和农业科技园区建设专项均是为进一步抢抓京津冀协同发展重大战略机遇，加快构建“首都研发、示范带转化”的创新协作模式打造省内现代农业发展的制高点，对农业相关产业、企业和科技园区进行资助，共有约50个项目得到资助。

9个综合类项目中的重点、优先资助领域中均含有农业科学领域。如河北省自然科学基金的重点项目优先资助的主题共18个，其中属于农业科学的主题有3个，分别是农田土壤污染修复研究；河北省主要农作物与园艺作物种质创新与健康生产中的新原理、新方法；食品发酵、酿造及食品安全中的科学问题。河北省自然科学基金将农业科学归为生命学科内，2018年受该基金资金资助的生命学科项目共62项，在研项目经费总额为1 597万元[②]。表2.3为河北省农业科学类项目的详细信息。

---

① http：//jhpt.hebstd.gov.cn：81/fz/tzgg/fz-tzgg！qtlist.do 2018年河北省科学技术厅项目申报指南（汇总版）

② http：//www.hensf.gov.cn/TotalInfo.htm 2017年基本数据统计（2018-03-02）

表2.3 河北省农业科学类项目信息

序号	项目名称	子项目/专题/主题名称	重点支持的领域	资助经费及项目期限
1	河北省自然科学基金	面上项目（250项）、青年科学基金项目（250项）、优秀青年科学基金项目（20项）、杰出青年科学基金项目（15项）、高端钢铁冶金联合研究基金项目（30项）	重点项目优先资助：农田土壤污染修复研究；河北省主要农作物与园艺作物种质创新与健康生产中的新原理、新方法；食品发酵、酿造及食品安全中的科学问题	
2	省级重点基础研究专项（约20项）	6个优先主题	优先主题1——农业生物遗传改良新途径新方法研究	20万～30万元
3	重大科技成果转化专项	7个优先主题	优先主题7——现代农业产业：智能化设施农业装备与技术、大型农业复式联合装备、农产品精深加工、农业生物技术、农业信息化和物联网技术及装备等产业化开发及应用	企业自筹经费至少为申请省科技专项经费的3倍，实施期2～3年
4	国际科技合作专项	研发类国际科技合作（25～27项）：包括7个优先主题	优先主题6——现代农业关键技术联合开发：包括循环农业、节水农业、数字农业、精致农业、高效农业等领域发展	15万～50万元，实施期2～3年
5	农业关键共性技术攻关专项（约80项）	粮棉油产业创新链	粮棉油种质资源与育种技术创新；粮棉油新品种选育；粮棉油绿色高效生产技术研究；粮棉油全程机械化生产关键设备和技术研发；特色粮油产品加工技术研究	企业自筹资金不得低于专项资金申请额度的2倍，实施期为2～3年
		优质林果产业创新链	果树种质院和育种技术创新；果树优良新品种选育；主要果蔬提质增效栽培技术研究；果园作业机械设施选型；果品贮藏加工技术研究；林木种质资源收集与新品种选育；森林培育与生态修复关键技术研究	

（续表）

序号	项目名称	子项目/专题/主题名称	重点支持的领域	资助经费及项目期限
5	农业关键共性技术攻关专项（约80项）	绿色蔬菜产业创新链	蔬菜种质资源和育种技术创新；蔬菜优良新品种选育；蔬菜工厂化高效育苗关键技术研究；蔬菜绿色高效栽培技术研究；新型设施与园艺装备研制；互联网+设施蔬菜技术集成；蔬菜贮藏加工技术研究；食用菌提质增效关键技术研究与开发	
		绿色生态研制产业创新链	畜禽品种选育与育种技术研究；畜禽高效繁殖技术研究；畜禽生态健康饲养技术研究；畜禽产品加工关键技术研究；畜禽养殖污染治理关键技术研究	
		坝上草原培育与生态修复关键技术研究	坝上草原重要牧草种质资源筛选与创新技术研究；退化草地修复关键技术与模式研究；草地资源利用优化配置技术与模式研究	
		农业生态技术攻关	农艺节水关键技术研究；农业面源污染防控关键技术研究；土壤改良技术研究	
		农用生物制品研制	生物兽药研制；生物农药研制；生物肥料研制	
6	绿山富民科技工程（专项）（约25项）	11个优先主题	山区生态系统功能提升及数字山区建设关键技术研究与示范；山区优势农产品贮藏及深加工技术开发；山区优势果品提质增效技术集成与示范；山区生态休闲与旅游观光农业模式及关键技术研究与示范；山区畜禽低碳型生态养殖标准化生产技术开发与示范；山区绿色蔬菜优质高效生产技术继承与示范；山区优势特色杂粮开发技术研究与示范；山区中药材栽培关键技术研究与示范；山区食用菌产业标准化技术创新与示范；山区采矿迹地生态重建技术集成与示范；山区综合开发能力提升与应用技术推广	实施期为2年
7	现代农业科技奖励性后补助专项（约30项）	农业新品种	粮食作物新品种；其他农业新品种	
		农业重大关键技术	农业新产品应用技术；农业生产技术	

（续表）

序号	项目名称	子项目/专题/主题名称	重点支持的领域	资助经费及项目期限
8	环首都现代农业科技示范带及农业科技园区建设专项	环首都现代农业科技示范带建设（22项）	环首都农业科技协同创新创业平台建设；区域特色产业高新技术集成与示范；农业科技“小巨人”企业培育；科技示范带信息化管理技术应用与示范	2年
		农业科技园区建设（约30项）	农业科技园区特色产业高新技术集成与示范；农业科技园区创新创业平台建设；农业科技园区信息化技术应用示范	
9	京南成果转化示范区建设专项	7个优先主题	优先主题7——现代农业：重点支持先进育种与制种技术、大型农业复式联合装备、农产品精深加工，以及精准农业、节水农业等现代农业领域成果转化应用	支持资金50万～100万元，实施期2年以内
10	科技研发平台建设专项	省工程技术研究中心建设项目（新建40～45家）	重点支持现代农业等技术领域新建工程技术研究中心，优先支持农业科技园区等优势企业	
		省级产业技术研究院建设项目（新建4～6家）	生态农业等战略性新兴产业或有一定影响力的特色产业集群	
11	创新创业人才团队及院士工作站建设专项	3个优先主题	现代农业等领域	
12	科技特派员创新创业专项（约25项）	2个优先主题	大学生村官科技特派员农村科技创新创业	
13	软科学研究及科普专项	重点决策研究项目	优先主题3：现代农业等	

2.4 小结

调研了2018年度北京市、天津市和河北省的省级/市级资助项目，遴选农业科学类相关的项目，统计项目的子项目/专题/主题名称、重点支持领域、资助经费及项目期限。

2018年度，北京市市级项目中，涉及农业科学类的项目共8项，其中农业科学专属项目3个，自然科学综合类项目5个，其中北京市自然科学基金共资助805项，包括重点项目（23项）、面上项目（541项）、青年科学基金项目（241项）、资助金额共计14 904万元。重点资助领域包括：植物保护，作物育种，动物疫病和动物源疾病的诊断与控制，畜禽养殖技术，动植物种质资源的保护与开发，土壤改良，水高效利用，农产品加工和贮藏，设施农业系统建设，农业废弃物循环利用，环保与生态建设，新型农村建设，地区/国际合作以及农业相关软科学领域。

2018年度，天津市市级项目中，涉及农业科学类的项目共28项，其中农业科学专属项目14个，自然科学综合类项目14个，其中天津市自然科学基金共资助470项。其中面上项目（150项）、重点项目（100项）、青年项目（150项）、绿色通道项目（40项）、杰出青年基金项目（30项），资助金额共计4 800万元。重点资助领域包括：现代、健康、安全、环保、节能、特色农业，同时突出一二三产业和京津冀农业的协同发展，以及农业技术的一体化和集成示范。

2018年度，河北省省级项目中，涉及农业科学类的项目共13项，其中农业科学专属项目4个，自然科学综合类项目9个，其中河北省自然科学基金共资助565项。其中面上项目（250项）、青年科学基金项目（250项）、优秀青年科学基金项目（20项）、杰出青年科学基金项目（15项）、高端钢铁冶金联合研究基金项目（30项），资助金额共计12 629万元。重点资助领域包括：现代、数字、健康、环保、精准农业，生物技术育种，农业平台开发（表2.4）。

表2.4 京津冀农业科学类项目情况对比

	北京市	天津市	河北省
农业科学类项目	8项	28项	13项
农业科学专属项目	3项	14项	4项
自然科学综合类项目	5项	14项	9项

（续表）

	北京市	天津市	河北省
其中省/市自然科学基金项目资助金额（万元）	14 904	4 800	12 629
其中省/市自然科学基金项目	共805项。其中重点项目（23项）、面上项目（541项）、青年科学基金项目（241项）	共470项。其中面上项目（150项）、重点项目（100项）、青年项目（150项）、绿色通道项目（40项）、杰出青年基金项目（30项）	共565项。其中面上项目（250项）、青年科学基金项目（250项）、优秀青年科学基金项目（20项）、杰出青年科学基金项目（15项）、高端钢铁冶金联合研究基金项目（30项）
重点资助领域	植物保护，作物育种，动物疫病和动物源疾病的诊断与控制，畜禽养殖技术，动植物种质资源的保护与开发，土壤改良，水高效利用，农产品加工和贮藏，设施农业系统建设，农业废弃物循环利用，环保与生态建设，新型农村建设，地区/国际合作以及农业相关软科学领域	现代、健康、安全、环保、节能、特色农业，同时突出一二三产业和京津冀农业的协同发展，以及农业技术的一体化和集成示范	现代、数字、健康、环保、精准农业，生物技术育种，农业平台开发

3 京津冀农业发展战略规划重点领域

3.1 北京市农业发展战略规划重点领域

3.1.1 《北京市“十三五”时期都市现代农业发展规划》[①]

《北京市“十三五”时期都市现代农业发展规划》按照三高并举（高端、高效、高辐射），三产融合（一二三产业），三生共赢（生态、生产、生活），四化同步（工业化、信息化、城镇化、农业现代化）的理念，全面推进国家现代农业示范区建设。到2020年，土地产出率、劳动生产率、资源利用率国内领先，农业的多功能广泛拓展，农业发展方式有效转变，一二三产业深度融合，现代农业的核心竞争能力、服务城乡能力、生态涵养能力显著提升，使北京成为全国都市农业引领区、国家现代农业示范区、高效节水农业样板区、京津冀协同发展先行区，率先在全国全面实现农业现代化。

该规划提出重点发展的农业领域如下。

● “菜篮子”建设：增强蔬菜供应能力，稳定禽蛋、鲜奶供应，增强外埠供应能力。

● 农业生态建设方面：化肥、化学农药施用量实现负增长，规模养殖场畜禽粪便污水、农膜、农作物秸秆等处理利用及水生生物养护。

● 休闲观光农业：将农业生产空间打造成优质产业田、优良生态田、优美景观田，山水林田路生态格局初步形成，农业多功能得到深度挖掘与拓展，一二三产业深度融合。

● 现代种业：围绕农作物、畜禽、水产、林果四大种业，打造全国种业创新研发中心和交流交易中心。

● 农业节水：推进工程节水、结构节水、农艺节水及管理节水，建立高效的农业综合节水体系。

---

① http：//www.bjnw.gov.cn/zfxxgk/fgwj/zcxwj/201612/t20161208_379050.html

● 农业基础设施与装备：农田水利设施基本配套，主要农作物耕种收机械，设施生产机械化、智能化、信息化等。

● 提升农业经营管理水平：提升农民组织化程度和规模化经营水平。

● 农业科技服务：农业科技创新能力、新型产业培育能力和社会化服务能力显著提升，“互联网+”农业得到广泛应用。打造成京津冀地区的“农业科技创新高地”和“农业信息化应用高地”。

● 农业安全生产：“三品”认证，动植物疫病防控联防联控，农业生产环节安全监管与农业执法能力建设。

● 京津冀协同发展：强化三地区域合作与机制创新，实现产业协同、科技协同、生态协同、安全协同与信息协同。

3.1.2 《北京市推进〈“两田一园”高效节水工作方案〉》[①]

为贯彻落实《中共北京市委北京市人民政府关于调结构转方式发展高效节水农业的意见》（京发〔2014〕16号），推进粮田、菜田、鲜果果园（以下简称“两田一园”）高效节水工作，北京市2017年6月制订了《北京市推进〈“两田一园”高效节水工作方案〉》，其重点领域包括：

● 细定地：按照“两田一园”划定范围，每年将用水指标分解到区、乡镇和村，严格实行灌溉用水限额管理。在地下水严重超采区、水源保护区以及山区、半山区等缺水地区鼓励发展雨养农业、生态景观农业。

● 机井管控：严格用途管控、水量管理、计量管理，严控机井数量，严格监控灌溉用水效率，在此基础上建立农业用水信息化管理系统。

● 设施方面：积极推进高效节水灌溉工程（包括骨干基础设施、田间节水设施）建设，按照“缺什么补什么”的原则，建设更新机井、井房、水泵、过滤施肥设备、输水管道等骨干基础设施，同时配套安装滴灌管、微喷带、输水支管等田间节水设施。

● 农艺节水：在设施农业中推广地膜覆盖、防草布敷设、水肥一体化等农艺技术；在鲜果果园中推广果园生草、园艺地布敷设、枝条粉碎还园、雨水集蓄、化控节水、蓄水保墒等农艺技术；在粮田中推广抗旱品种种植、秸秆还田、免耕播种等农艺技术。

① http：//www.jsgg.com.cn/Index/Display.asp？NewsID=22293

3.1.3 《北京技术创新行动计划（2014—2017年）》

《北京技术创新行动计划（2014—2017年）》专项四：首都食品质量安全保障提出到2017年，有效支撑设施种养殖业加快升级，进一步提升食品生产加工及食品质量安全检测监控水平，实现肉蛋奶等重点产业食品安全全程可追溯，全面保障首都食品质量安全。其重点领域包括：

● 农产品生产基地安全保障：推动食用农产品标准化基地创建及升级改造，实现规模化、标准化生产；加快生物农业安全投入品研发及产业化，开展共性技术攻关；实施“菜篮子”安全生产技术集成应用，加快优质、高产、低碳、循环等先导技术的转化应用。

● 农产品生产加工质量安全：建设安全食品产业聚集区，推动农产品加工与资源综合利用技术的集成应用和产业示范。

● 农产品物流质量安全：强化农业物联网技术、产品在农产品安全物流中的集成应用；开展农业物联网、冷链物流等关键技术研究与攻关；深化农产品安全追溯体系建设，开展“从田间到餐桌”全过程信息采集标准化技术研究与应用。

3.1.4 《2017年北京市整区推进农村一二三产业融合发展试点工作的实施方案》①

2017年北京市整区推进农村一二三产业融合发展试点工作计划支持房山区、大兴区两个农村产业融合发展试点区带动或辐射农民分享二三产业增值收益的新型农业经营主体。其重点领域包括：

● 发展生态农业：推进规模化种植业发展，发挥水、肥、药的增产效益，科学施肥、安全用药和旱作节水。健全投入品使用管理，加强土壤和农产品质量检测。

● 品牌农业：促进家庭农场农产品品牌提升，推进农产品标准化生产，积极开展“三品一标”认证。加大家庭农场农产品品牌的培育。

● 多渠道推进农产品营销：推广“农超对接”“农校对接”“农社对接”等直销模式，利用“互联网+”、云平台等现代化手段，积极与电商平台对接，拓宽农产品销售渠道，提升农产品销量，增加农场收益。

① http：//www.bjnw.gov.cn/zfxxgk/fgwj/zcxwj/201711/t20171101_392572.html

3.1.5 《关于全面推进信息进村入户工程的实施意见》

为加快北京市农业农村信息化服务普及，以信息化引领驱动农业现代化快速稳步发展，培育提升“三农”新动能，2017年5月北京市就全面推进信息进村入户工程提出实施意见，具体包括以下领域。

● 整体推进信息进村入户工程：采用“政府修路、企业跑车、农民取货”的“政企合作”模式，全面整合服务资源和渠道，融合互联网技术，研发市级信息进村入户综合服务管理云平台，完成益农信息社建设、认定、管理、运营、示范、创新服务工作，打造北京社会主义新农村发展的综合信息服务体系。

● 整合涉农资源：整合涉农政策、农业生产、农产品销售、行业规范、文化创意、专家队伍、基层服务体系等涉农公益服务资源；整合与民生相关的金融、医疗、保险、旅游、水电、票务等服务资源，夯实信息进村入户工作基础。

● 完善信息进村入户工作机制：完善市区共建、市级统筹、区为主体、村为基础、社会参与、合作共赢的监管体制和市场化运行机制，形成政府推动力、市场活力、社会创造力相辅相成的动力机制，建立考核监督和评估分级机制。

● 统一数据标准，构建综合平台，实现服务联动信息共享。依托12316综合服务平台，整合标准型建立的益农信息管理服务平台和专业型建立的智慧农业综合服务平台，构建北京市信息进村入户综合服务管理云平台，实现益农信息社统一管理、涉农数据采集统计、领导决策科学支撑、信息资源服务下沉。同时，对接部级信息进村入户云平台，融合基层涉农服务平台，实现部、市、区三级服务联动、信息共享。

3.1.6 《北京市大数据和云计算发展行动计划（2016—2020年）》

为了推进大数据和云计算发展，北京市于2016年制订了《北京市大数据和云计算发展行动计划（2016—2020年）》，其农业相关领域包括：

● 推进大数据、云计算、物联网等新一代信息技术在农业领域的创新应用，为农业生产智能化、农业资源环境监测、农业自然灾害预测预报、动物疫病和植物病虫害监测预警、农产品质量安全追溯、农产品产销信息监测预警等提供可靠的数据服务。

● 发展智慧农业，建立面向农业农村的公共信息服务平台，鼓励企业参与智慧乡村建设，为农民生产生活提供综合、高效、便捷的信息服务。

3.2 天津市农业发展战略规划重点领域

3.2.1 《天津市农业和农村经济发展十三五规划》[①]

天津市发布《天津市农业和农村经济发展“十三五”规划》，总结了天津“十二五”以来取得的发展基础，提出了力争通过5年的努力，建成京津冀地区城乡协同发展的引领区、都市型农业创新发展的示范区、一二三产业融合发展的先行区、农村重点领域改革创新的试验区和绿色、生态、美丽、文明的宜居区，率先全面建成高质量小康社会的目标。规划还提出了农业现代水平主要发展指标：农业劳动生产率达到5.0万元/人以上；种植业土地产出率达到5 000元/亩以上；农作物耕种收综合机械化水平达到90%以上；农业科技贡献率达到68%以上；种业、生物农业产值分别达到50亿元、120亿元；无公害农产品产地抽检合格率达到98%以上。在农村生态文明方面，规划提升农作物秸秆利用率达到98%；化肥、农药施用总量实现零增长，化肥利用率提高到40%以上，主要农作物农药利用率提高到40%以上的目标。该规划提出了“十三五”期间天津农业农村发展的重点任务：

● 构建区域协同的产业新体系，促进京津冀协同发展，力争用5年时间基本建成京津冀都市圈内的农业“三区”：以绿色、高档、特色为优势的菜篮子产品供给区，以现代种业、生物农业、信息农业为重点的农业高新技术产业示范区，以健全的流通体系、现代化的流通方式为特征的农产品物流中心。

● 打造精品高端的都市农业，提升农业现代化水平。具体包括：推动农业结构调整升级，优化农业产业布局，如调减100万亩粮食作物种植面积，增加蔬菜、水果、花卉、优质牧草等经济作物80万亩和经济林、生态林、苗圃20万亩；提高农业整体效益，推进种养殖规模化、规范化经营，如高标准建设40万亩蔬菜生产基地，打造20个生态畜牧养殖基地，加快发展40万亩渔业养殖生产基地，建设200万亩优质粮食生产基地等；打造覆盖全链条的安全保障体系，强化农业抗风险能力，如完善农产品质量安全法制化保障体系，大力发展节水农业，推广水肥一体化技术；培育新型经营主体，开展多种形式的适度规模经营，如加快推进农业产业化经营，积极推动合作社提质增效；健全社会化服务体系，满足农业转型升级需求，如拓展农业信息、咨询、商贸流通等服务领域；积极实施“互联网+”现代农业行动，打造都市型智慧农业，如实现“物联网+农业”工程，实

---

① https：//www.taodocs.com/p-153018155.html

施“信息网+农业”工程；发展种业和生物农业，如取得30项以上植物新品种权，建设20个标准化、规模化、集约化、机械化的优势良种生产基地；实施农业“走出去”战略，提高农业对外开放水平。

● 推进二三产业结构优化。具体包括：推进郊区工业转型升级，如大力发展高端装备、智能终端、新一代信息技术、生物医药、现代种业等战略性新兴产业；大力发展现代服务业；鼓励支持大众创业；促进产业集聚发展，如科学规划47个园区（开发区、功能区）；打造一批特色实力小镇。

● 构筑城乡协调的发展格局，提升城乡一体化建设水平。

● 深化重点领域改革，激发郊区发展活动。具体包括：进一步深化农村土地经营制度改革；推进村集体产权制度改革；加快农村产权流转交易市场建设；推进农村金融体制改革。

● 营造环境宜人的绿色家园。具体包括：建设美丽乡村，全面改善农村生产生活环境；重点推进农村骨干河渠治理工程，如采取接管截污、河道清淤、生态护岸、水体转换等工程措施，开展二级河道治理；推进生态环境保护与治理，实现农业可持续发展，如开展农田残膜回收区域性示范，大力实施农作物秸秆综合利用与禁烧工作。

● 拓宽增收的空间和渠道。

3.2.2 《天津市农业科技园区建设方案（2018—2025年）》[①]

进一步加快天津市农业科技园区建设，推动现代都市农业供给侧结构性改革，实现高质量发展，充分发挥科技对现代农业发展和新农村建设的支撑引领作用，市科委、市农委制定了《天津市农业科技园区建设方案（2018—2025年）》，并于2018年5月发布。该方案提出了至2025年天津市农业科技园区建设的重点任务：

● 全面深化体制改革，积极探索机制创新。具体包括推进农业转型升级，促进农业高新技术转移转化，提高土地产出率、资源利用率、劳动生产率等。

● 集聚优势科教资源，提升创新服务能力。具体包括引导科技、信息、人才、资金等创新要素向园区高度集聚等。

● 培育科技创新主体，发展高新技术产业。具体包括：打造科技企业孵化器、星创天地等“双创”载体；依托园区资源禀赋和产业基础，打造优势特色主

① http：//kxjs.tj.gov.cn/xinwen/tzgg/201806/t20180614_138523.html

导产业；发展“互联网+现代农业”等创新模式和新型业态等。

● 优化创新创业环境，提高园区双创能力。具体包括：构建以政产学研用结合、科技金融、科技服务为主要内容的创新体系；发挥园区的平台功能，聚集一批农业领域战略科技人才、科技领军人才、青年科技人才和高水平创新团队；鼓励大学生、企业主、退伍军人、科技人员、留学归国人员入园创新创业等。

● 鼓励差异化发展，完善园区建设模式。具体包括：引导农业科技园区依托科技优势，开展示范推广和产业创新。按照“一园区一主导产业”，打造具有品牌优势的农业高新技术产业集群，提高农业产业竞争力。建设区域农业科技创新中心和产业发展中心，形成区域优势主导产业，探索创新驱动现代农业发展的特色模式，形成可复制可推广的经验做法。

● 建设生态宜居乡村，推进园区融合发展。具体包括：探索天津特色新型城镇化道路，探索“园城一体”“园镇一体”“园村一体”的城乡一体化发展新模式；依托园区绿水青山、田园风光、乡土文化等资源，促进农业与旅游休闲、教育文化、健康养生等产业深度融合，发展观光农业、体验农业、创意农业；打造“一园一品”“一园一景”“一园一韵”，建设宜业宜居宜游的美丽乡村和特色小镇。

3.2.3 《天津市水务发展“十三五”规划》①

该规划由天津市水务局于2014年发布，其中，农村水利是主要任务之一。具体包括：

● 新建中小型水源工程，增加农业灌溉水源。如建设水库，新增蓄水能力。

● 饮水提质增效，提升农村生活用水质量。如采取城市自来水延伸、集中联片供水和设施提升等方式。

● 发展农业节水灌溉，缓解农业用水紧张局面。如农业机井工程、规模化设施农业园区集雨工程、喷微灌、低压管道输水等高效节水灌溉技术等。

● 继续实施农村除涝工程建设，提高农田排涝标准。如新改建国有扬水站、实施农用桥闸涵维修改造工程等。

● 治理农村坑塘水系污染。

● 中小河流治理重点县综合整治项目。

● 现代农田水利重点工程建设项目。如构建农村水利信息化管理平台，实

① http://www.docin.com/p-1960584703.html

施现代示范灌区配套工程等。

● 小型农田水利维修养护工程。

3.2.4 《农业部天津市人民政府共同推进农业供给侧结构性改革落实京津冀农业协同发展战略合作框架协议》[①]

2017年3月，农业部（现农业农村部）与天津市签署《农业部天津市人民政府共同推进农业供给侧结构性改革落实京津冀农业协同发展战略合作框架协议》，全面落实《京津冀现代农业协同发展规划（2016—2020年）》，围绕“四区两平台”建设，深入推进天津市农业供给侧结构性改革，进一步提升现代都市型农业发展水平，促进京津冀农业协同发展取得新进展。该协议提出农业发展重点领域：

● 建设国家级现代都市型农业示范区。以菜、渔、花、果四大领域为重点，以设施化、集约化为主要内容，支持建设一批绿色、高档、精品菜篮子产品生产基地。打造集循环农业、创意农业、农事体验为一体的国家级农业公园和田园综合体，创建一批农业特色镇和特色村点，为全国都市型现代农业建设创造新经验、新模式。

● 建设农业高新技术产业园区。围绕生物农业和现代种业培育农业高新技术产业集群，打造全国领先的高水平农业“硅谷”。

● 建设农产品物流中心区。加快建设“一带双核多点”的立体网络化农产品物流中心区。

● 建设国家农业农村改革试验区。积极承接国家各项农村改革试点任务，探索农业废弃物资源化利用、农作物秸秆综合利用等立法及完善配套措施工作等。

● 建设农业信息化平台。实施信息进村入户工程；发展农产品电子商务；加快建设农业大数据；支持发展“互联网+现代农业”，加快推进物联网在农业生产经营中的推广应用，推动智慧农业发展。

● 建设农业对外合作平台。以农业龙头企业和种羊、奶牛、水稻等优势种业为重点，鼓励支持天津农业企业“走出去”，创建国家级境外农业合作示范区和农业对外开放合作试验区。

---

① http：//www.tj.gov.cn/xw/bdyw/201703/t20170316_3589292.html

3.2.5 《天津市现代都市型畜禽种业发展规划（2015—2020年）》[①]

为抓住机遇，推动天津市畜禽种业可持续、跨越式发展，加快转型升级，提高育种能力、生产水平和养殖效益，增强综合竞争力，2014年发布《天津市现代都市型畜禽种业发展规划（2015—2020年）》。规划提出要发展优质畜禽种业，重点品种为生猪、奶牛、肉羊、家禽。规划还提出了要重点实施的九大工程：

- 种业研发平台建设工程。
- 主导畜种育种核心群建设工程。
- 商业新品种配套系培育工程。
- 种公畜站建设工程。
- 畜禽良种场改造提升建设工程。
- 种畜禽质量监测体系建设工程。
- 种畜禽疫病净化建设工程。
- 种畜禽信息管理服务平台建设工程。
- 种业人才储备工程。

3.2.6 《休闲农业和乡村旅游发展规划》[②]

2017年11月，天津市农村工作委员会启动休闲农业和乡村旅游发展规划。规划要求三年内将休闲农业和乡村旅游业打造成津郊支柱产业，到2020年，全市休闲农业和乡村旅游接待游客数量达到3 150万人次，消费规模突破125亿元，占农业总产值的比重达到25%。2018—2020年重点支持的领域：

- 打造三条生态观光廊道。
- 打造三大休闲养生板块。
- 打造10个主导产业强、生态环境美、农耕文化深、农旅结合紧、支撑体系完善的田园综合体。
- 提升300个市级休闲农业示范村（点）的旅游产业功能。
- 发展20个功能齐全、产业集聚的休闲农业精品园区，提升20个休闲农业集聚区。
- 积极推动天津休闲农业网电子商务平台和“App”手机应用系统明年上线。
- 2018年力争建设20个旅游功能齐全、配套服务完善的精品帮扶村。

---

① http：//nync.tj.gov.cn/zwgk/ghjh/201803/t20180312_1904.html

② http：//news.enorth.com.cn/system/2017/11/27/034114916.shtml

3.3 河北省农业发展战略规划重点领域

3.3.1 《河北省现代农业发展“十三五”规划》[①]

2016年河北省政府发布《河北省现代农业发展“十三五”规划》，以到2020年全省现代农业建设取得实质性进展，实现“三个突破、两个提前、一个基本形成”为总体目标，以坚持转型升级，创新发展；坚持稳粮增收，协调发展；坚持生态优先，绿色发展；坚持市场导向，开放发展；坚持以人为本，共享发展；坚持服务京津，协同发展为基本原则，引领河北省走出一条产出高效、产品安全、资源节约、环境友好的现代农业发展道路。

该规划提出重点发展的农业领域如下。

● 调优种植业结构：以“稳定粮食产能，适度调减小麦和籽粒玉米种植面积，大力发展蔬果、中药材、食用菌等经济作物”为重点。

● 促进种养结合：以“粮草兼顾，农牧结合，循环发展，以草定牧”为重点。

● 调优畜牧业结构：稳猪禽，强奶业，扩牛羊。

● 做精水产业：完善良种繁育体系，建设健康养殖基地，强化渔业生态保护，生产特色水产品。

● 着力发展二三产业：以现代农业园区为平台，培育壮大龙头企业，发展农产品加工业、物流业和休闲农业，推进农业新业态。

● 壮大现代种业：以玉米、小麦、马铃薯、谷子、棉花、花生、甘蓝和西甜瓜等优势品种为重点，大力发展现代种业，建设现代特色种业强省。

● 农业机械化提档升级：提升机械装备水平，调整农机装备结构，推进农机与农艺相融合以及农机社会化服务水平。

● 推进“互联网+农业”：重点打造“124+”智慧农业生态圈，建设“一个中心”，即河北省农业数据中心；“两大系统”，即12316农业信息服务系统和农村信息管理系统；“四大平台”，即农业物联网、农产品电子商务、农产品质量安全追溯信息管理和农业科技服务平台；建设种植、养殖、综合执法、渔政监管、三资管理、环境保护等若干业务子系统，全面推进互联网与农业生产、经营、管理、服务的深度融合。到2020年，全省“互联网+农业”产业体系基本形成，建成全国领先的智慧农业示范基地。

---

① http：//www.hebei.gov.cn/hebei/10731222/10751796/10758975/13998862/index.html

● 构建现代农业经营体系，提升产业素质：通过“百园双千农业龙头”+“六位一体产业化经营模式”，示范带动全省小规模、分散经营向适度规模、主体多元、合作经营为主转变，基本形成多种形式适度规模经营主导的农业生产新局面。

● 加强农产品监管，确保食品安全。

● 大力发展节水农业、节药农业，加大农业污染防治和治理力度。

3.3.2 《河北省农业农村信息化发展“十三五”规划》①

农业农村信息化是现代农业的重要内容，是农业现代化的重要标志。《河北省农业农村信息化发展“十三五”规划》于2017年颁布，要求着力推进农业生产智能化，农业经营网络化，农业管理数据化和农业服务在线化迈上新的台阶，实现2020年“互联网+”与现代农业深度融合，大数据、智能化、移动互联网和云计算技术等现代信息技术促进农业产业升级取得明显成效，智能化、透明化、便捷化的“互联网+”现代农业生态体系基本建立，信息化成为农业现代化创新发展的重要驱动力量。2018年河北省农业农村信息化的重点工程有：

● 农业农村大数据工程。

● 农业装备智能化工程。

● 农业物联网应用示范工程。

● 农业电子商务示范工程。

● 农业政务信息化深化工程。

● 信息进村入户工程。

● 农业信息化创新能力提升工程。

● 新型农业经营主体培育工程。

3.3.3 《河北省农业供给侧结构性改革三年行动计划（2018—2020年）》②

为深入推进农业供给侧结构性改革，加快发展科技农业、绿色农业、品牌农业和质量农业，河北省政府制订该计划，其重点关注的领域有：

● 实施农业科技研发专项：创新种质资源利用，培育优质特色新品种；加快农机智能装备和技术研发；创新农产品质量安全技术，攻克农兽药残留速测等

① http：//www.heagri.gov.cn/article/tzgg/201702/20170200004371.shtml

② http：//info.hebei.gov.cn//eportal/ui？pageId=6778557&articleKey=6764288&columnId=329982

问题；创新生态环境保育技术；创新农产品加工技术和关键装备研究；创新“互联网+农业技术”，发展精准农业。

● 发展绿色农业，推动清洁生产：推进节水、节肥、节药农业，推进农业废弃物资源化利用，推进农业生态修复治理，坚持以种带养、以养促种、种养结合，推进农业循环发展。

● 发展质量农业，实施标准化生产：完善农业标准体系，推行标准化生产，完善农产品质量追溯体系，强化农产品质量安全监管。

● 打造农业科技创新高地，培育农业高新技术产业，加快农业科技成果推广，完善农业从业人员的支持政策。

3.3.4 《关于推进农村一二三产业融合发展的实施意见》[①]

该意见于2016年发布，重点发展的领域有：

● 建设现代农业园区：整合各类要素向园区集中，带动农村一二三产业融合发展。

● 建设现代饲草料产业体系：合理布局规模化、标准化养殖场，促进种养结合、循环发展。

● 改善海洋生态环境，建立数字化海洋牧场管理体系。

● 发展林下产品采集、林下特种养殖、林下特色种植产业。

3.4 小结

本部分整理了北京市、天津市和河北省近年来的农业发展战略规划，总结了战略规划的重点发展领域。

北京市的市级农业发展战略规划有6个，分别为《北京市“十三五”时期都市现代农业发展规划》《北京市推进〈“两田一园”高效节水工作方案〉》《北京技术创新行动计划（2014—2017年）》《2017年北京市整区推进农村一二三产业融合发展试点工作的实施方案》《关于全面推进信息进村入户工程的实施意见》《北京市大数据和云计算发展行动计划（2016—2020年）》。战略规划的重点发展领域为：京津冀协同发展，现代、健康、数字、生态农业，农业大数据建设，一二三产业融合发展。

---

① http：//www.hebei.gov.cn/hebei/13172779/13172799/13510158/index.html

天津市的市级农业发展战略规划有6个，分别为《天津市农业和农村经济发展十三五规划》《天津市农业科技园区建设方案（2018—2025年）》《天津市水务发展“十三五”规划》《农业部天津市人民政府共同推进农业供给侧结构性改革落实京津冀农业协同发展战略合作框架协议》《天津市现代都市型畜禽种业发展规划（2015—2020年）》《休闲农业和乡村旅游发展规划》。战略规划的重点发展领域为：都市、生态、健康农业，美丽乡村，农业科技产业园区建设，农田水利工程建设，农业平台开发，发展优质畜禽种业，一二三产业融合发展。

河北省的省级农业发展战略规划有4个，分别为《河北省现代农业发展“十三五”规划》《河北省农业农村信息化发展“十三五”规划》《河北省农业供给侧结构性改革三年行动计划（2018—2020年）》《关于推进农村一二三产业融合发展的实施意见》。战略规划的重点发展领域为：农业大数据建设，农业机械化工程，现代种业，绿色农业，现代农业科技园建设，一二三产业融合发展。

4.1 京津冀地区农业领域论文总体概况

4.1.1 数据来源

SCI和CPCI数据库

Web of Science™核心合集数据库收录了12 000多种世界权威的、高影响力的学术期刊，内容涵盖自然科学、工程技术、生物医学、社会科学、艺术与人文等领域，最早回溯至1900年。

Web of Science™核心合集数据库是目前国际上最具权威性的用于基础研究和应用研究成果评价的重要评价体系。几十年来，Web of Science™核心合集数据库不断发展，已经成为当今世界最为重要的大型数据库，它不仅是一部重要的检索工具书，而且也是科学研究成果评价的一项重要依据，是评价一个国家、一个科学研究机构、一所高等学校、一本期刊，乃至一个研究人员学术水平的重要指标之一。

Science Citation Index Expanded（SCIE，科学引文索引）：涵盖176个学科的8 600多种高质量学术期刊，数据最早可回溯至1900年。

Conference Proceedings Citation Index（CPCI，会议论文引文索引）：收录1990年以来，来源于图书、期刊、报告、连续出版物及预印本的超过164 000个会议录。

本报告文献数据均来源于Web of Science™核心合集中的两个数据库：SCIE和CPCI。数据年限均为近10年（2008年9月30日至2018年9月30日），2018年度发文量不能代表该年度发文趋势。

4.1.2 研究前沿方法论

Citespace是2003年由美国Drexel大学陈超美教授开发的，用来分析和可视共被引网络的Java程序，是一款着眼于分析科学文献中蕴含的潜在知识，并在科学计量学、数据和信息可视化背景下逐渐发展起来的一款多元、分时、动态的引文可视化分析软件。它主要基于共引分析理论和寻径网络算法等，对特定领域文献（集合）进行计量，以探寻出学科领域演化的关键路径及知识转折点，并通过一系列可视化图谱的绘制来形成对学科演化潜在动力机制的分析和学科发展前沿的探测[①]。

知识基础是由共被引文献集合组成的，而研究前沿是由引用这些知识基础的施引文献集合组成的。在Citespace中，一个学科的研究前沿表现为涌现的施引文献群组。它从两个方面来体现研究前沿的特征：描述观点的正文和引用的参考文献。具体来说，研究前沿是由形成文献共被引矩阵中的文献及其施引文献中使用的突现词和突现词的聚类来体现的[②]。

Citespace自动聚类的实现是依据谱聚类算法，谱聚类本身就是基于图论的一种算法，因此它对共引网络这种基于连接关系而不是节点属性的聚类具有天然的优势。传统的聚类算法，如K-均值算法、EM算法等都是建立在凸球形的样本空间上，但是样本空间不为凸时，算法会陷入局部最优。谱聚类算法正是为了弥补上述算法的这一缺陷而产生的，它可以对任意形状的样本空间进行聚类，且收敛于全局最优解。聚类标签词来源于施引文献，可以从施引文献的“标题”“关键词”或“摘要”中提取，提取办法基于3种排序算法，即LSI算法、LLR对数似然率算法以及互信息算法。本研究根据需要选择LLR对数似然率算法从关键词中提取。

Citespace依据网络结构和聚类的清晰度，提出了模块值（简称Q值）和平均轮廓值（Silhouette，简称S值）两个指标，它可以作为我们评判图谱绘制效果的依据。Q值一般在区间[0，1）内，Q>0.3说明划分出来的社团结构是显著的。Citespace提供3种视图：聚类视图、时间线视图和时区视图，本研究根据需要选择时间线视图。

Sigma指数是Citespace中结合节点在网络结构中重要性（中介中心性）和节点在时间上的重要性（突发性）两个指标复合构造的测度节点新颖性的一个指标。在Citespace中采用突发性检测可以追寻到研究前沿的“脚印”，而Sigma指数高的节点为我们需要关注的重点前沿。Citespace为节点提供多种可视化视图，

① 陈悦，陈超美，胡志刚，等. 引文空间分析原理与应用：Cite Space实用指南[M]. 北京：科学出版社，2014：164.

② 李杰，陈超美. Citespace科技文本挖掘及可视化[M]. 北京：首都经济贸易大学出版社，2017：301.

本研究选择可显示信息量最多的年轮表示法，节点的年轮结构表示的是该文献被引用的历史，紫色的年轮表示较早的年份，黄色的年轮表示最近的年份，年轮的半径对应于该节点的总被引次数，被紫圈标注出的节点具有较大的中介中心性，是挖掘研究前沿需要重点关注的点。

4.1.3 研究热点方法论

词频是指所分析的文档中词语出现的次数。在科学计量研究中，可以按照学科领域建立词频词典，从而对科学家的创造活动做出定量分析。词频分析法就是在文献信息中提取能够表达文献核心内容的关键词或主题词，通过关键词或主题词的频次高低分布，来研究该领域发展动向和研究热点的方法。共词分析的基本原理是对一组词两两统计它们在同一组文献中出现的次数，通过这种共现次数来测度它们之间的亲疏关系。VOSviewer是雷登大学CWTS研究机构的相关研究人员专门开发的用于科学知识图谱绘制的有效工具，可以标签视图、密度视图、聚类视图和分散视图等方式实现知识单元的可视化。基于VOSviewer关键词共现热力图和聚类图，我们可以从完全客观的角度挖掘京津冀农业领域近10年的研究热点。

4.1.4 新兴技术预测方法论

佐治亚理工大学Alan Porter教授和他的研究团队一直致力于技术预见领域的研究，历经10余年开发的Emergence Indicators可以较好地呈现某一项技术领域的新兴（Emerging）研究方向以及人员、机构、国家/地区的参与情况。该指标通过文献计量学的手段对标题和摘要的主题词进行分析和挖掘，从Novelty（新颖性），Persistence（持久性），Growth（成长性）和Community（研究群体参与度）对Emergence Indicators进行计算，并且可以应用于专利和科技文献之中。该指标可以很好地帮助决策者了解新兴研究方向在技术生命周期中所处的位置，以便在它达到拐点或者成熟期前就可以识别出来，进行研发布局和战略选择。

4.1.5 分析软件

Derwent Data Analyzer（简称DDA），是科睿唯安（Clarivate Analytics）公司旗下的一个具有强大分析功能的文本挖掘软件，可以对文本数据进行多角度的数据挖掘和可视化的全景分析，还能够帮助情报人员从大量的专利文献或科技文献中发现竞争情报和技术情报，为洞察科学技术的发展趋势、发现行业出现的新兴技术、寻找合作伙伴，确定研究战略和发展方向提供有价值的依据。本报告使用DDA软件对京津冀地区农业领域SCIE/CPCI发文数据进行统计，分析发文总体趋势、重点机构、发文期刊、核心作者、研究方向和基金资助分布。

研究前沿和研究热点聚类部分使用Citespace和VOSviewer等科学图谱可视化软件完成。

4.1.6 京津冀地区农业领域论文概况

截至2018年9月30日，共检索到京津冀地区农业领域的SCIE/CPCI发文量如下：北京市30 187篇、天津市2 996篇、河北省2 446篇，各省市基于文献的农业科技发展态势分析详情请见本书后续部分。

4.2 北京市农业科技发展态势分析

4.2.1 农业科技发展态势小结

截至2018年9月30日，共检索到北京市在农业领域近10年SCI和CPCI发文一共30 187篇，年度发文量整体呈现逐年上升趋势，说明北京市近10年在农业领域一直较为活跃，研究力度呈逐年增强趋势。

发文重点机构的分析结果显示，全部作者、第一作者和通讯作者发文量排名前三的机构依次为：中国科学院、中国农业大学和中国农业科学院，说明国家级高校和科研院所在农业领域的研发实力较强。从年度发文情况来看，多数机构的发文均呈现逐年增加趋势，尤其是近5年的发文量增速较快。机构合作关系的研究结果显示，近10年TOP10研究机构的独立发文量较高，但与其他机构的合作关系也较为频繁。

北京市农业领域的发文期刊中，影响因子排名前三的期刊依次为：《MOLECULAR PLANT》《PLANT CELL》和《NEW PHYTOLOGIST》，统计结果显示所有文章的期刊平均影响因子为2.25，文章质量普遍较高。近10年发文量排名前三的研究方向依次为：植物科学、农业和食品科学与技术，此外化学、生物技术与应用微生物学、药理学与药学、生物化学与分子生物学等几个研究方向的文献量也达到2 000篇以上，上述研究方向为北京市农业领域最重要的研究方向。

基金资助的分析结果显示，发文量排名前三的资助项目依次为：国家自然科学基金委资助项目、国家重点基础研究发展计划（973计划）资助项目和中国科学院资助项目。此外，国家科技部、国家高技术研究发展计划（863计划）、中央高校基本科研基金项目、农业公益性行业专项、北京市自然科学基金、农业农村部、中国博士后基金项目资助的发文量进入前10名。

研究前沿、研究热点和新兴技术的分析结果显示，北京市农业领域近10年的重点研究前沿有6个，重要性按高低排序依次为：DREB（转录因子）、comparative genomics（比较基因组学）、*Arabidopsis thaliana*（拟南芥）、RNA-seq（转录组测序技术）、*Triticum aestivum*（小麦）、DNA barcoding（DNA条形码）。TOP20研究热点为Plants、*Arabidopsis-thaliana*、Growth、Expression、Arabidopsis、Identification、China、Protein、Gene-expression、Gene、Rice、System、Maize、Temperature、Wheat、Extraction、Yield、Quality、Transcription factor、Performance。新兴技术点集中在肠道微生物集群（Gut microbiota）、气候变化（Climate-change）、转录组测序技术（RNA-Seq）、污水处理（Sewage-sludge）、基因组编辑（Genome editing）等技术上。中国科学院、中国农业大学和中国农业科学院是北京市农业领域创新性排名前三的机构。

4.2.2 发文趋势分析

截至2018年9月30日，近10年北京市在农业领域共计发表文献30 187篇，发文量随时间的变化曲线显示，近10年北京市农业领域的发文呈现整体上扬的态势，从2008年的1 562篇上升到2017年的3 856篇，增加了近1.5倍，年均发文增长量约255篇，说明北京市在农业领域的研究一直较为活跃，并呈增加趋势（图4.1）。

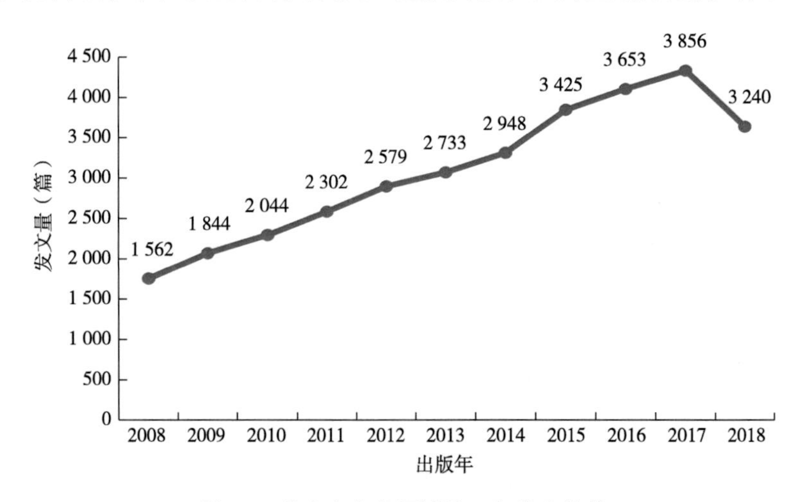

图4.1 北京市农业领域近10年发文趋势

4.2.3 重点机构分析

北京市农业领域发文TOP20机构中，全部作者、第一作者和通讯作者发文最多的机构均是中国科学院，发文量分别为9 138篇、6 427篇和6 462篇；中国农业大学排名第二，发文量分别为7 840篇、5 938篇和5 651篇；排名第三的机构为中国农业科学院，发文量分别为5 403篇、3 312篇和3 520篇。此外，排名靠前的机构还有中国科学院大学、北京林业大学和北京大学。可见国家级高校和科研院所的发文量远远高于其他单位，说明这些机构在农业领域的研发实力较强（表4.1）。

表4.1　北京市农业领域近10年发文TOP20机构（单位：篇）

排序	全部作者发文机构	发文量	第一作者发文机构	发文量	通讯作者发文机构	发文量
1	中国科学院	9 138	中国科学院	6 427	中国科学院	6 462
2	中国农业大学	7 840	中国农业大学	5 938	中国农业大学	5 651
3	中国农业科学院	5 403	中国农业科学院	3 312	中国农业科学院	3 520
4	中国科学院大学	2 894	北京林业大学	1 100	北京林业大学	1 113
5	北京林业大学	1 484	北京大学	659	北京大学	684
6	北京大学	1 160	中国医学科学院	626	中国医学科学院	670
7	中国医学科学院	1 031	清华大学	450	清华大学	469
8	北京协和医科大学	817	北京师范大学	377	北京师范大学	370
9	清华大学	785	北京市农林科学院	311	北京市农林科学院	298
10	北京师范大学	681	南京农业大学	247	中国科学院大学	271
11	北京市农林科学院	544	北京化工大学	232	南京农业大学	270
12	西北农林科技大学	507	西北农林科技大学	225	北京工商大学	240
13	南京农业大学	442	北京工商大学	202	中国林业科学院	215
14	中国林业科学院	415	中国林业科学院	194	北京化工大学	193
15	北京工商大学	398	北京中医药大学	178	首都师范大学	174
16	中国中医科学院	334	首都师范大学	174	北京协和医科大学	168
17	北京中医药大学	321	浙江大学	147	西北农林科技大学	166
18	浙江大学	313	中国中医科学院	127	北京中医药大学	160
19	北京化工大学	301	华中农业大学	117	浙江大学	147
20	华中农业大学	289	北京工业大学	112	中国中医科学院	133

从发文TOP20机构近10年的产出时间线（图4.2）可以看出，中国科学院的年度发文量一直稳居第一，远超其他机构；中国农业大学和中国农业科学院的年度发文量分别位列第二和第三；多数机构的发文量呈现逐年增加趋势，尤其是近5年的发文量增速较快。

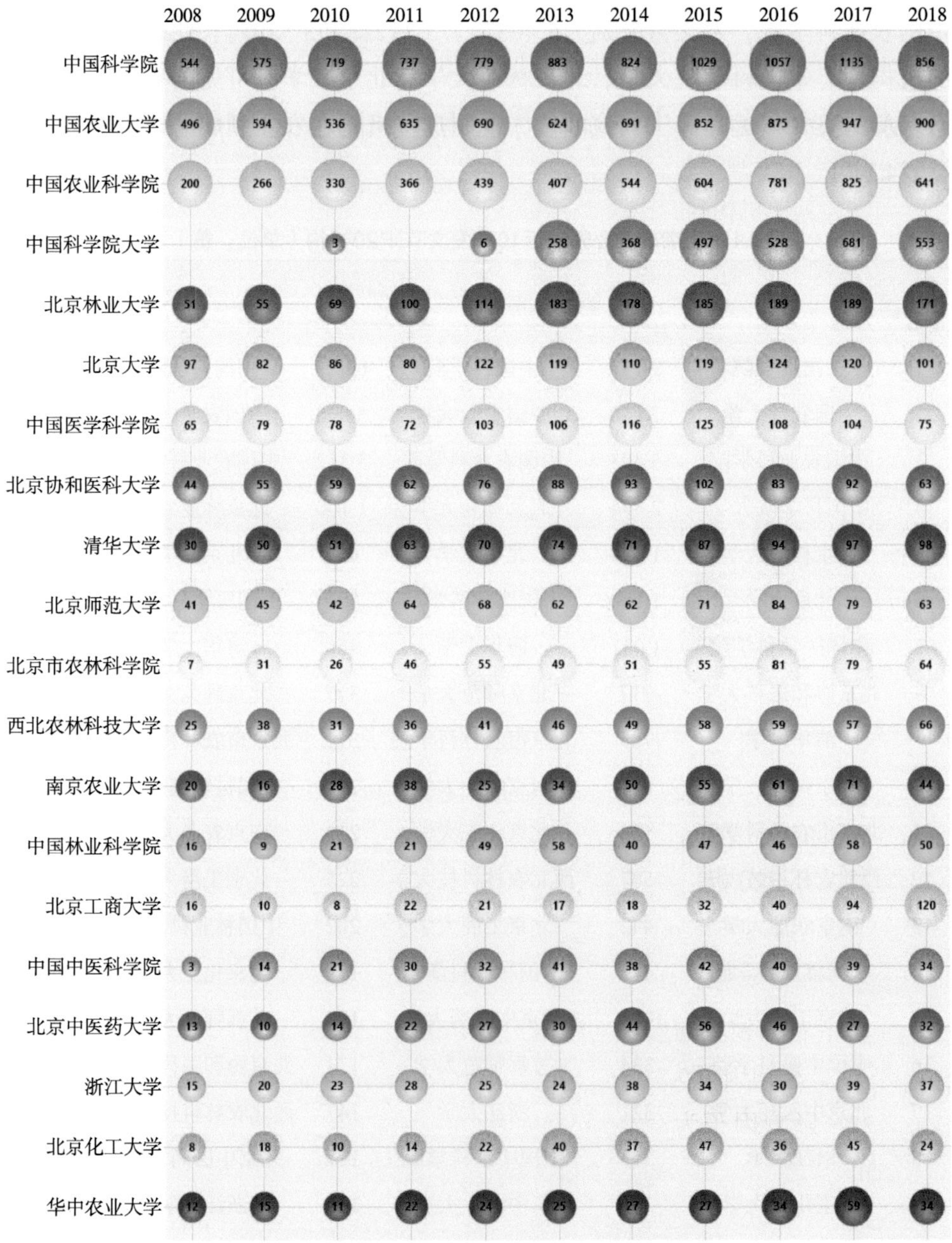

	2008	2009	2010	2011	2012	2013	2014	2015	2016	2017	2018
中国科学院	544	575	719	737	779	883	824	1029	1057	1135	856
中国农业大学	496	594	536	635	690	624	691	852	875	947	900
中国农业科学院	200	266	330	366	439	407	544	604	781	825	641
中国科学院大学			3		6	258	368	497	528	681	553
北京林业大学	51	55	69	100	114	183	178	185	189	189	171
北京大学	97	82	86	80	122	119	110	119	124	120	101
中国医学科学院	65	79	78	72	103	106	116	125	108	104	75
北京协和医科大学	44	55	59	62	76	88	93	102	83	92	63
清华大学	30	50	51	63	70	74	71	87	94	97	98
北京师范大学	41	45	42	64	68	62	62	71	84	79	63
北京市农林科学院	7	31	26	46	55	49	51	55	81	79	64
西北农林科技大学	25	38	31	36	41	46	49	58	59	57	66
南京农业大学	20	16	28	38	25	34	50	55	61	71	44
中国林业科学院	16	9	21	21	49	58	40	47	46	58	50
北京工商大学	16	10	8	22	21	17	18	32	40	94	120
中国中医科学院	3	14	21	30	32	41	38	42	40	39	34
北京中医药大学	13	10	14	22	27	30	44	56	46	27	32
浙江大学	15	20	23	28	25	24	38	34	30	39	37
北京化工大学	8	18	10	14	22	40	37	47	36	45	24
华中农业大学	12	15	11	22	24	25	27	27	34	59	34

图4.2 北京市农业领域TOP20机构发文时间线

图4.3展示了北京市农业领域发文TOP10机构近10年的合作关系。可以看出，中国科学院发表的9 138篇文章中，独立发文5 094篇，另有3 689篇文章与其他9个机构合作撰写，其中与中国科学院大学合作的文章数最多，为2 805篇，其次与中国农业大学合作的文章为438篇，另有396篇和190篇分别与中国农业科学院和北京大学合作发表，187篇与北京林业大学合作发表。中国农业大学发表的7 840篇文章中，独立发文6 592篇，另有1 248篇与其他9个机构合作撰写，其中与中国农业科学院合作发文626篇。中国农业科学院发表的5 403篇论文中，有4 328篇文章为独立发表。TOP10北京市的机构整体独立发文数量占有较高优势，同时与其他机构的合作也较为频繁。

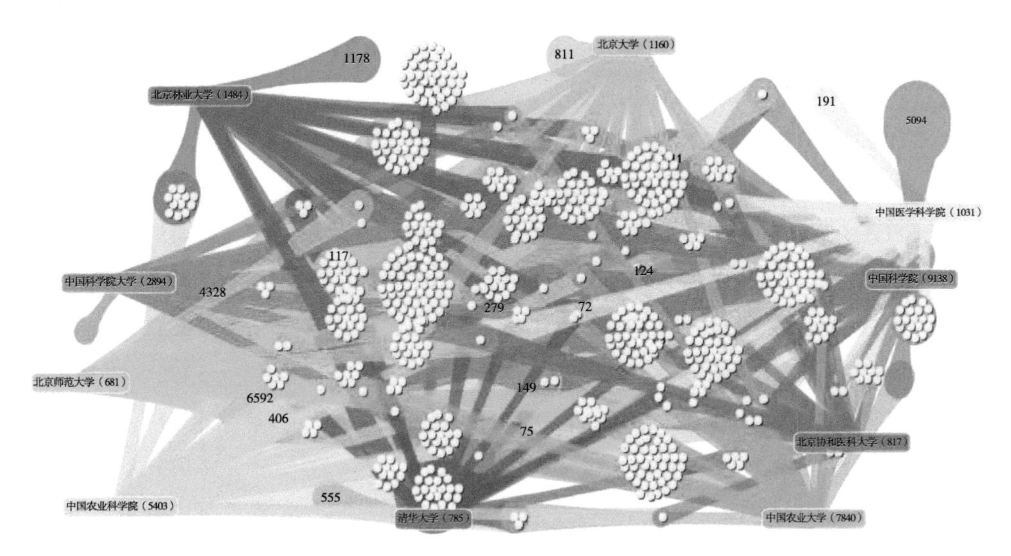

图4.3 北京市农业领域TOP10机构合作关系

4.2.4 发文期刊分析

本节基于最新的JCR期刊影响因子报告（2018年6月发布），分析北京市农业领域发文期刊的影响因子。

北京市农业领域的发文期刊中，影响因子最高的期刊为《MOLECULAR PLANT》，影响因子为9.326，发文量为286篇；排名第二的期刊为《PLANT CELL》，影响因子为8.228，发文量为322篇；排名第三的期刊为《NEW PHYTOLOGIST》，影响因子为7.433，发文量为280篇。影响因子TOP20的期刊文章数共有4 897篇，占全部文献量的16.22%。北京市农业领域的30 187篇文献分布在690个期刊中，其中有影响因子的期刊298个，期刊平均影响因子为2.25，说明这些文章的质量普遍较高（表4.2）。

表4.2　北京市农业领域TOP20影响因子期刊

排序	期刊名称	影响因子	发文量
1	MOLECULAR PLANT	9.326	286
2	PLANT CELL	8.228	322
3	NEW PHYTOLOGIST	7.433	280
4	CURRENT OPINION IN PLANT BIOLOGY	7.349	35
5	TRENDS IN FOOD SCIENCE & TECHNOLOGY	6.609	16
6	PLANT BIOTECHNOLOGY JOURNAL	6.305	98
7	CRITICAL REVIEWS IN FOOD SCIENCE AND NUTRITION	6.015	26
8	PLANT PHYSIOLOGY	5.949	381
9	BIORESOURCE TECHNOLOGY	5.807	1 662
10	PLANT JOURNAL	5.775	288
11	PLANT CELL AND ENVIRONMENT	5.415	107
12	GLOBAL CHANGE BIOLOGY BIOENERGY	5.415	20
13	JOURNAL OF EXPERIMENTAL BOTANY	5.354	344
14	JOURNAL OF ECOLOGY	5.172	40
15	MOLECULAR NUTRITION & FOOD RESEARCH	5.151	35
16	FOOD HYDROCOLLOIDS	5.089	110
17	FOOD CHEMISTRY	4.946	756
18	AGRONOMY FOR SUSTAINABLE DEVELOPMENT	4.503	27
19	PLANT METHODS	4.269	20
20	MOLECULAR PLANT PATHOLOGY	4.188	44

北京市农业领域发文最多的期刊为《BIORESOURCE TECHNOLOGY》，发文量为1 662篇，远远高于其他期刊近1倍；发文量排名第二的期刊为《JOURNAL OF AGRICULTURAL AND FOOD CHEMISTRY》，发文量为853篇；期刊《FRONTIERS IN PLANT SCIENCE》《JOURNAL OF INTEGRATIVE AGRICULTURE》以及《FOOD CHEMISTRY》的发文量分别为764、757和756篇，位列第三、第四和第五名；发文量TOP20的期刊中《MOLECULAR PLANT》的影响因子最高，为9.326，发文量为286篇，位列发文量排名第20名（表4.3）。

表4.3　北京市农业领域发文量TOP20的期刊

排序	期刊名称	影响因子	发文量
1	BIORESOURCE TECHNOLOGY	5.807	1 662
2	JOURNAL OF AGRICULTURAL AND FOOD CHEMISTRY	3.412	853
3	FRONTIERS IN PLANT SCIENCE	3.678	764
4	JOURNAL OF INTEGRATIVE AGRICULTURE	1.042	757
5	FOOD CHEMISTRY	4.946	756
6	ANALYTICAL METHODS	2.073	574
7	JOURNAL OF ASIAN NATURAL PRODUCTS RESEARCH	1.091	537
8	PLANT AND SOIL	3.306	463
9	PHYTOTAXA	1.185	410
10	JOURNAL OF ETHNOPHARMACOLOGY	3.115	407
11	JOURNAL OF NATURAL PRODUCTS	3.885	389
12	PLANT PHYSIOLOGY	5.949	381
13	JOURNAL OF INTEGRATIVE PLANT BIOLOGY	3.129	368
14	AGRICULTURAL AND FOREST METEOROLOGY	4.039	345
15	JOURNAL OF EXPERIMENTAL BOTANY	5.354	344
16	AGRICULTURAL WATER MANAGEMENT	3.182	332
17	PLANT CELL	8.228	322
18	PLANTA MEDICA	2.494	311
19	PLANT JOURNAL	5.775	288
20	MOLECULAR PLANT	9.326	286

4.2.5　研究方向分析

北京市农业领域近10年发文TOP20研究方向分布如图4.4所示，可以看出发文量最多的研究方向为植物科学，文献量占总发文量的45.97%；其次为农业，占总发文量的42.64%；排名第三的研究方向为食品科学与技术，占总发文量的23.05%。此外化学、生物技术与应用微生物学、药理学与药学、生物化学与分子生物学等几个研究方向的文献量也达到2 000篇以上，上述研究方向为北京市农业领域最重要的研究方向。

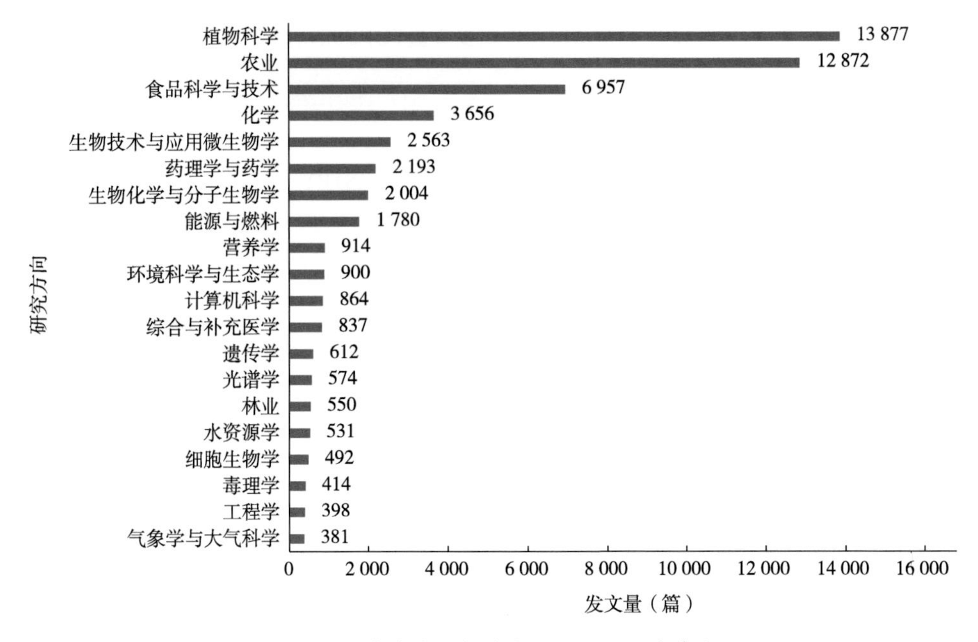

图4.4 北京市农业领域发文TOP20研究方向

4.2.6 基金资助分析

北京市农业领域近10年发文的资助机构（基金）情况如图4.5所示，资助最多的机构为国家自然科学基金委，资助项目发表论文为13 999篇，远远高于其他资助项目发文量；排名第二的为国家重点基础研究发展计划（973计划）资助项目，发表论文为4 436篇；排名第三的为中国科学院资助项目，资助发文量为2 008篇。此外，国家科技部、国家高技术研究发展计划（863计划）、中央高校基本科研基金项目、农业公益性行业专项、北京市自然科学基金、国家农业农村部基金、中国博士后基金项目资助的发文量进入前10名。

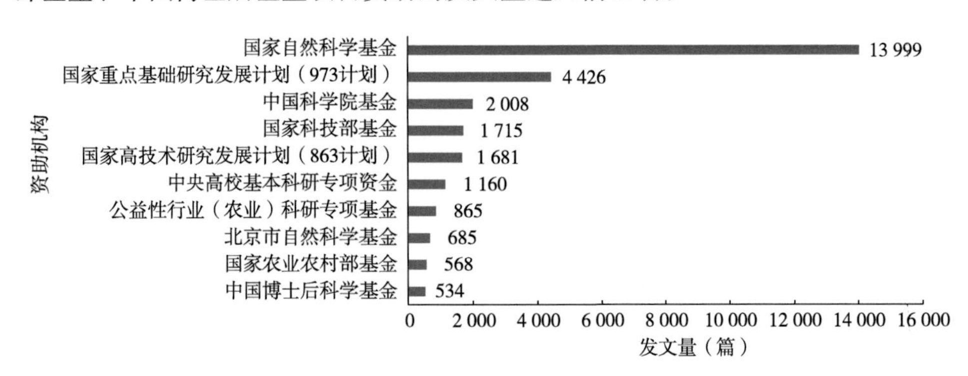

图4.5 北京市农业领域TOP10基金资助机构

4.2.7 研究前沿分析

遴选北京市农业领域近10年的30 187篇文献，统计文献的被引频次，选取每年被引频次TOP50的文章，使用Cosine算法计算其关联强度，并进行共被引网络聚类，挖掘北京市农业领域近10年的研究前沿。

北京市农业领域近10年的高被引文章共形成了69个聚类，其中显著度最高的聚类有11个，分别为#0：DREB（转录因子）、#1：*Triticum aestivum*（小麦）、#2：*Arabidopsis thaliana*（拟南芥）、#3：RNA-seq（转录组测序技术）、#4：Comparative genomics（比较基因组学）、#5：DNA barcoding（DNA条形码）、#6：Climate change（气候变化）、#7：CRISPR/Cas9（CRISPR/Cas9基因编辑）、#8：MicroRNA、#9：Erf protein tsrf1（ERF转录因子TSRF1）、#11：Phylogeny（种系发生学）。这些高被引文章的聚类可被认为是北京市农业领域近10年的研究前沿关注点，图4.6可看出近10年各研究前沿的研究分布。

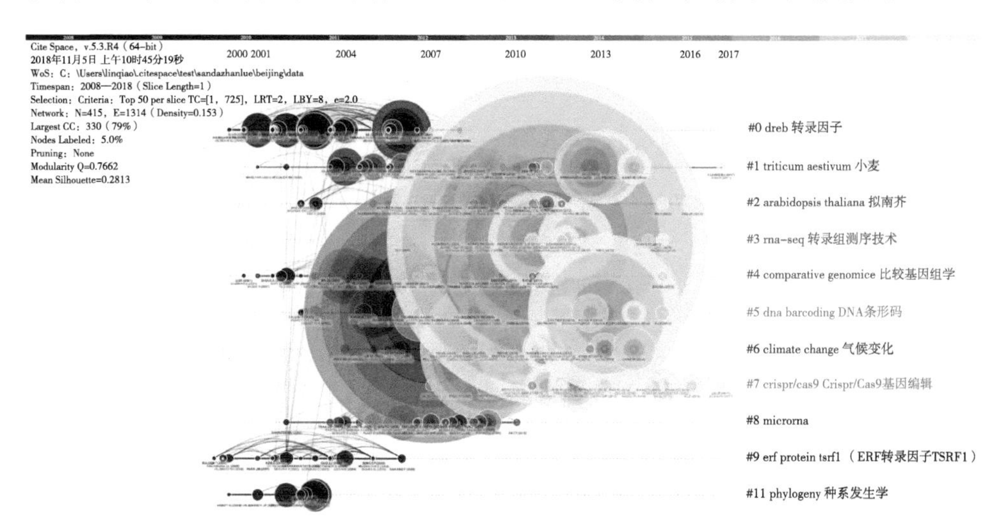

图4.6 北京市农业领域的研究前沿

表4.4提供了近10年共被引网络聚类高Sigma值节点信息，通过高Sigma值节点所分布的聚类，可以看出农业领域重点研究前沿有6个，重要性按高低排序依次为：DREB（转录因子）、Comparative genomics（比较基因组学）、*Arabidopsis thaliana*（拟南芥）、RNA-seq（转录组测序技术）、*Triticum aestivum*（小麦）、DNA barcoding（DNA条形码）。

表4.4 共被引网络聚类高Sigma值节点信息

sigma	references	cluster#
41.89	Yamaguchi-shinozaki K，2006，ANNU REV PLANT BIOL，57，781	0
8.23	Matsumoto T，2005，NATURE，436，793	4
5.97	Cutler SR，2010，ANNU REV PLANT BIOL，61，651	2
3.75	Jones JDG，2006，NATURE，444，323	0
3.40	Munns R，2008，ANNU REV PLANT BIOL，59，651	2
3.25	Schnable PS，2009，SCIENCE，326，1112	4
2.89	Tamura K，2011，MOL BIOL EVOL，28，2731	3
2.83	Bradbury PJ，2007，BIOINFORMATICS，23，2633	1
2.81	Trapnell C，2012，NAT PROTOC，7，562	3
2.45	Tamura K，2007，MOL BIOL EVOL，24，1596	5

表4.5展示了北京市农业领域6个重点研究前沿的详细信息，从中可以看出研究前沿所在的聚类大小，聚类节点的相似性，聚类文章的平均年份，相关的一组前沿文献等信息。

4.2.8 研究热点和聚类分析

以北京市农业领域近10年的30 187篇文献为研究对象，获取文章全部关键词（包括作者关键词和wos数据库标引的关键词），利用VOSviewer关键词叙词表对所有关键词进行清洗，合并整理后选取出现频次大于等于20的关键词，展示农业领域研究热点和研究聚类（图4.7）。

北京市农业领域近10年的所有文章中，出现频次大于等于20的关键词共有2 457个，取共现强度TOP500的关键词，TOP20研究热点为Plants、*Arabidopsis-thaliana*、Growth、Expression、Arabidopsis、Identification、China、Protein、Gene-expression、Gene、Rice、System、Maize、Temperature、Wheat、Extraction、Yield、Quality、Transcription factor、Performance。各研究热点的详细信息如表4.6所示。

表4.5　重点前沿的详细信息

研究前沿	聚类	节点数	相似性	平均年份	相关前沿文献
DREB（转录因子）	0	33	0.842	2003	● QIU，YP（2009）Over-expression of the stress-induced oswrky45 enhances disease resistance and drought tolerance in arabidopsis.ENVIRONMENTAL AND EXPERIMENTAL BOTANY，V65，P13 DOI 10.1016/j.envexpbot.2008.07.002 ● CHEN，YF（2009）The wrky6 transcription factor modulates phosphate1 expression in response to low pi stress in arabidopsis.PLANT CELL，V21，P13 DOI 10.1105/tpc.108.064980 ● DING，XD（2009）A rice kinase-protein interaction map.PLANT PHYSIOLOGY，V149，P15 DOI 10.1104/pp.108.128298 ● ……
Comparative genomics（比较基因组学）	4	27	0.791	2006	● HAN，B（2008）Rice genome research：current status and future perspectives.PLANT GENOME DOI 10.3835/plantgenome2008.09.0008 ● LI，Q（2010）Cloning and characterization of a putative gs3 ortholog involved in maize kernel development.THEORETICAL AND APPLIED GENETICS，V120，P11 DOI 10.1007/s00122-009-1196-x ● LI，Q（2010）Relationship，evolutionary fate and function of two maize co-orthologs of rice gw2 associated with kernel size and weight.BMC PLANT BIOLOGY，V10，Pnull DOI 10.1186/1471-2229-10-143 ● ……
Arabidopsis thaliana（拟南芥）	2	32	0.72	2008	● QIN，F（2011）Achievements and challenges in understanding plant abiotic stress responses and tolerance.PLANT AND CELL PHYSIOLOGY，V52，P14 DOI 10.1093/pcp/pcr106 ● JIA，HF（2011）Abscisic acid plays an important role in the regulation of strawberry fruit ripening.PLANT PHYSIOLOGY，V157，P12 DOI 10.1104/pp.111.177311 ● ……

（续表）

研究前沿	聚类	节点数	相似性	平均年份	相关前沿文献
RNA-seq（转录组测序技术）	3	30	0.824	2010	● CHEN，Z（2017）Entire nucleotide sequences of gossypium raimondii and g.arboreum mitochondrial genomes revealed a-genome species as cytoplasmic donor of the allotetraploid species.PLANT BIOLOGY，V19，P10 DOI 10.1111/plb.12536 ● ZHU，T（2017）Cottonfgd：an integrated functional genomics database for cotton.BMC PLANT BIOLOGY，V17，Pnull DOI 10.1186/s12870-017-1039-x ● ……
Triticum aestivum（小麦）	1	35	0.806	2008	● YANG，Q（2012）A sequential quantitative trait locus fine-mapping strategy using recombinant-derived progeny.JOURNAL OF INTEGRATIVE PLANT BIOLOGY，V54，P10 DOI 10.1111/j.1744-7909.2012.01108.x ● QIN，L（2014）Homologous haplotypes，expression，genetic effects and geographic distribution of the wheat yield gene tagw2.BMC PLANT BIOLOGY，V14，Pnull DOI 10.1186/1471-2229-14-107 ● ……
DNA barcoding（DNA条形码）	5	28	0.872	2008	● GU，J（2011）Testing four proposed barcoding markers for the identification of species within ligustrum l.（oleaceae）.JOURNAL OF SYSTEMATICS AND EVOLUTION，V49，P12 DOI 10.1111/j.1759-6831.2011.00136.x ● GAO，T（2011）Identification of fabaceae plants using the dna barcode matk.PLANTA MEDICA DOI 10.1055/s-0030-1250050 ● ……

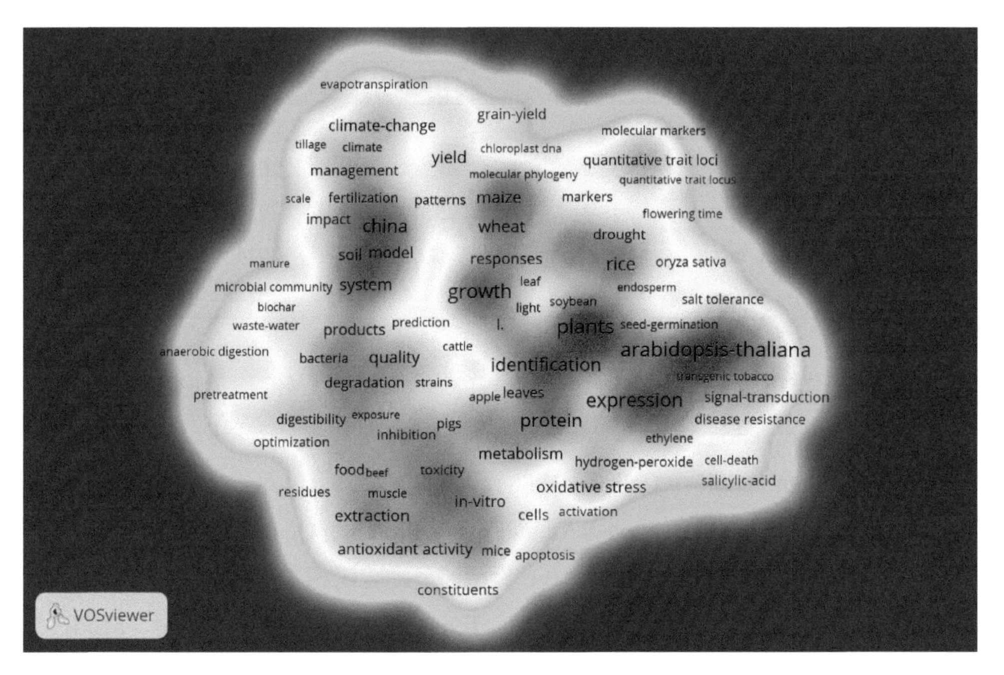

图4.7　北京市农业领域的研究热点

表4.6　研究热点的详细信息

排序	研究热点	所属聚类	共现强度	出现频次	平均年度	平均被引次数
1	Plants	2	9 601	1 948	2013	12.771 6
2	*Arabidopsis-thaliana*	2	8 151	1 748	2014	18.373 6
3	Growth	3	7 281	1 585	2013	11.565 9
4	Expression	2	7 592	1 544	2013	12.319 3
5	Arabidopsis	2	7 606	1 423	2014	13.340 8
6	Identification	4	5 628	1 312	2014	10.568 6
7	China	3	3 629	1 289	2013	9.335 1
8	Protein	2	5 364	1 169	2014	11.177 9
9	Gene-expression	2	5 697	1 161	2014	17.956 9
10	Gene	2	5 084	1 068	2013	13.412 9
11	Rice	2	5 827	1 057	2014	14.036 9
12	System	3	3 060	799	2014	11.128 9
13	Maize	3	4 161	769	2014	10.910 3
14	Temperature	3	3 344	765	2014	11.915 0
15	Wheat	3	3 926	749	2013	9.961 3

（续表）

排序	研究热点	所属聚类	共现强度	出现频次	平均年度	平均被引次数
16	Extraction	1	2 862	724	2013	11.415 7
17	Yield	3	3 747	721	2014	9.264 9
18	Quality	1	2 781	710	2014	9.047 9
19	Transcription factor	2	3 648	703	2014	19.072 5
20	Performance	1	2 799	676	2014	10.858 0

近10年北京市农业领域全部文章的TOP500关键词共现网络可形成4个聚类，第一个聚类由Extraction、Quality、Performance、Products、in-vitro、Metabolism、Acid、Antioxidant activity、Cells等关键词相关的文章组成；第二个聚类由Plants、*Arabidopsis-thaliana*、Expression、Arabidopsis、Protein、Gene-expression、Gene、Rice、Transcription factor、Oxidative Stress等关键词相关的文章组成；第三个聚类由Growth、China、System、Maize、Temperature、Wheat、Yield、Model、Soil、Nitrogen等关键词相关的文章组成；第四个聚类由Identification、Evolution、Diversity、Populations、Sequence、Quantitative trait loci、Taxonomy、Phylogeny、Cultivars、Genome等关键词相关的文章组成（图4.8）。

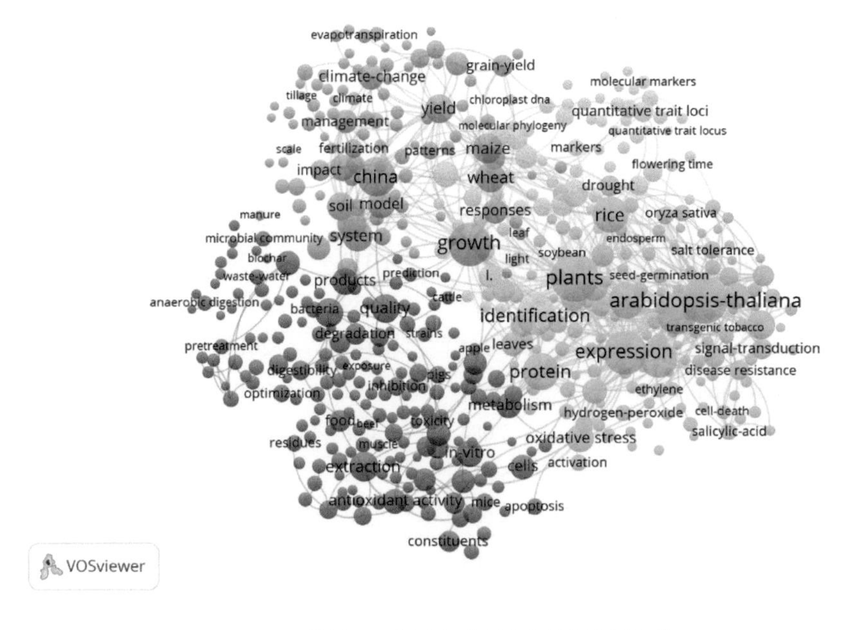

图4.8　北京市农业领域的研究聚类

4.2.9 新兴技术分析

近10年北京市农业领域共发表文献30 187篇，经过自然语言处理后共得到93 853个主题词组，经过Emergence Indicators算法后遴选出77个主题词，这些主题词已经排除了没有意义的虚词，大多可以反映北京市农业领域的新兴技术趋势。表4.7展示了北京市农业领域TOP30新兴技术主题词涉及的文献数量和创新性得分。从表4.7中可看出，北京市农业领域的新兴技术点集中在肠道微生物集群（Gut microbiota）、气候变化（Climate-change）、转录组测序技术（RNA-Seq）、污水处理（Sewage-sludge）、基因组编辑（Genome editing）等技术上。

表4.7　北京市农业领域TOP30新兴技术主题词

排序	文献数量	主题词	创新性得分
1	56	Gut microbiota	9.433
2	364	Climate-change	7.858
3	205	RNA-Seq	6.73
4	95	Sewage-sludge	5.04
5	62	Co-digestion	4.524
6	29	Genome editing	4.391
7	29	4 DEGREES-C	4.064
8	86	Food waste	3.853
9	64	Northwest China	3.797
10	163	Transcriptome	3.562
11	86	Microstructure	3.437
12	22	Gram-size	3.269
13	71	Metabolomics	3.268
14	20	Targeted mutagenesis	3.265
15	121	Natural variation	3.185
16	120	Activated-sludge	3.11
17	44	High-throughput sequencing	3.083
18	28	CRISPR/Cas9	2.969
19	24	Lactobacillus plantarum	2.807
20	23	Myofibrillar proteins	2.807
21	28	Spatial-distribution	2.778

（续表）

排序	文献数量	主题词	创新性得分
22	61	Greenhouse-gas emissions	2.771
23	77	Biochar	2.767
24	85	Genome-wide association	2.754
25	28	Living cells	2.733
26	124	Expression analysis	2.693
27	31	Water-holding capacity	2.661
28	77	LC-MS/MS	2.655
29	30	Bacterial diversity	2.621
30	19	Delivery-systems	2.61

北京市农业领域新兴技术TOP10重点机构的文献数量及创新性得分如图4.9所示，可以看出，中国科学院是北京市农业领域拥有新兴技术文献数量最多且创新性得分最高的重点机构，其文献数量为9 125篇，创新性得分为24.9；中国农业大学和中国农业科学院创新性分列二、三位，创新性得分分别为24.6和21.6；除了芬兰的自然资源研究所外，其余9个机构都来自北京市本地，说明北京市在农业领域新兴技术的自主研究水平相当高。

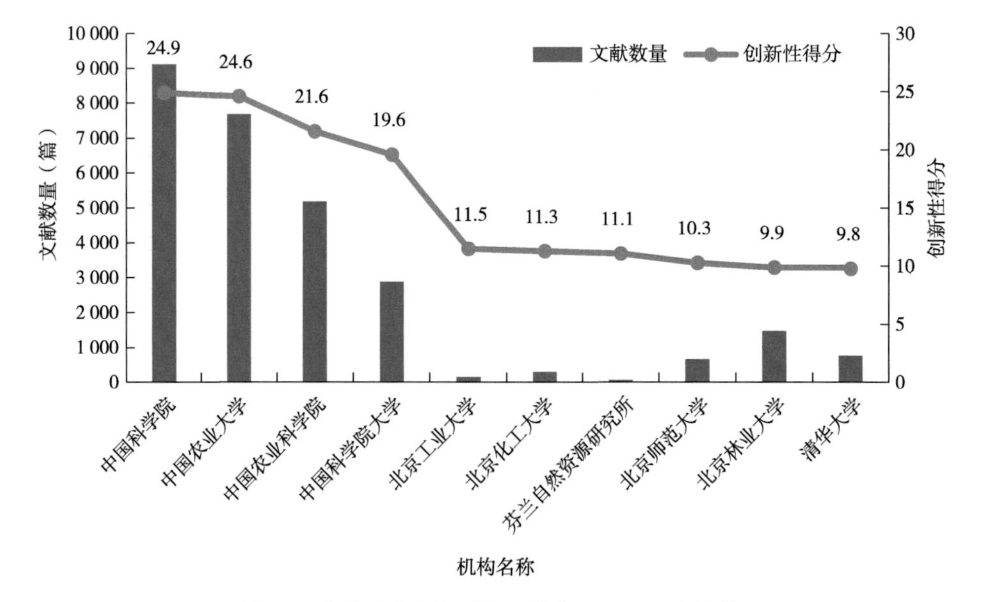

图4.9 北京市农业领域新兴技术TOP10研究机构

4.3 天津市农业科技发展态势分析

4.3.1 农业科技发展态势小结

截至2018年9月30日，共检索到天津市在农业领域近10年SCIE和CPCI发文一共2 996篇，发文曲线呈现较明显的整体上扬态势，说明天津市近几年在农业领域的研究布局持续提高。

发文重点机构的分析结果显示，全部作者、第一作者和通讯作者发文机构的第一至第五排序均保持一致，其中发文最多的机构是天津科技大学，是天津市农业领域发文最早、增速最快的机构，发文量大于100篇的机构有9个，发文总量为2 941篇，占全部发文量的98.16%，天津科技大学、天津大学、南开大学是天津市农业领域的领先机构，TOP10天津市的机构整体独立发文数量大于合作发文数量。

天津市农业领域的发文期刊中，影响因子最高的期刊为《MOLECULAR PLANT》，影响因子为9.326，发文量为2篇，统计结果显示所有文章的期刊平均影响因子为2.18，这些文章质量普遍较高。食品科学与技术、农业、化学、植物科学、生物技术与应用微生物学、药理学与药学、能源与燃料7个研究方向为天津市农业领域最重要的研究方向。国家自然科学基金和天津市自然科学基金是资助天津市农业领域最多的基金机构。

天津市农业领域近10年的重点研究前沿有3个，重要性按高低排序依次为：Starch（淀粉）、in vitro digestibility（体外消化率）、Protein molecular structure（蛋白质分子结构）。TOP20研究热点为Extraction、Expression、Identification、Protein、Plants、Antioxidant activity、Acid、Growth、in-vitro、Antioxidant、Physicochemical properties、Oxidative stress、Cells、System、Fermentation、Mechanism、Rats、Gene、Purification、Derivatives。新兴技术点集中在拟南芥（Arabidopsis）、纳米粒子（Nanoparticles）、交联关系（Cross-linking）、肉制品处理（Meat-products）等技术上。天津科技大学、天津大学和南开大学是天津市农业领域创新性排名前三的机构。

4.3.2 发文趋势分析

截至2018年9月30日，近10年天津市在农业领域共计发表文献2 996篇，图4.10为天津市农业领域发文量随时间的变化情况。可以看出2008年天津市在农业领域发文仅109篇，但2017年发文量达到429篇，较2016年有一定增长，是2008年的近4倍，近10年的发文曲线呈现较明显的整体上扬态势，说明天津市近几年在农业领域的研究布局持续提高。

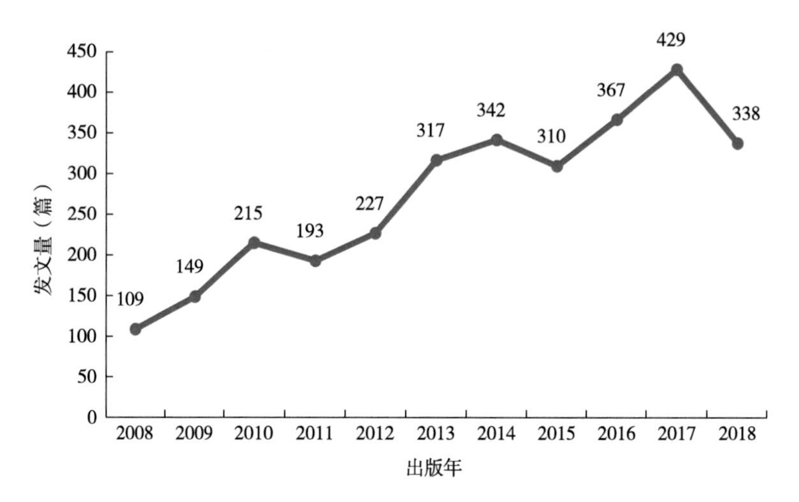

图4.10 天津市农业领域近10年发文趋势

4.3.3 重点机构分析

天津市农业领域发文TOP20机构中，全部作者、第一作者和通讯作者发文机构的第一至第五排序均保持一致，其中发文最多的机构是天津科技大学，发文量分别为868篇、624篇和564篇；天津大学排名第二，发文量分别为617篇、499篇和488篇；南开大学排名第三，发文量分别为512篇、330篇和349篇；排名第四、第五的机构分别是中国科学院、天津中医药大学。发文量大于100篇的机构有9个，发文总量为2 941篇，占全部发文量的98.16%（表4.8）。

表4.8 天津市农业领域近10年发文TOP20机构（单位：篇）

排序	全部作者发文机构	发文量	第一作者发文机构	发文量	通讯作者发文机构	发文量
1	天津科技大学	868	天津科技大学	624	天津科技大学	564
2	天津大学	617	天津大学	499	天津大学	488
3	南开大学	512	南开大学	330	南开大学	349
4	中国科学院	221	中国科学院	106	中国科学院	119

（续表）

排序	全部作者发文机构	发文量	第一作者发文机构	发文量	通讯作者发文机构	发文量
5	天津中医药大学	221	天津中医药大学	99	天津中医药大学	101
6	天津农学院	190	天津商业大学	73	天津商业大学	77
7	天津商业大学	105	天津农学院	66	中国农业科学院	71
8	中国农业科学院	104	天津师范大学	66	天津农学院	69
9	中国农业大学	103	中国农业大学	60	中国农业大学	66
10	天津师范大学	91	中国农业科学院	57	天津师范大学	63
11	天津医科大学	82	天津工业大学	41	天津医科大学	43
12	天津市农业科学院	82	河北工业大学	40	天津工业大学	39
13	天津工业大学	73	天津医科大学	39	河北工业大学	37
14	天津化学化工协同创新中心	69	加拿大萨斯喀彻温大学	27	加拿大萨斯喀彻温大学	29
15	河北工业大学	55	中国医学科学院	21	北京工商大学	27
16	中国医学科学院	52	悉尼科技大学	19	天津化学化工协同创新中心	25
17	中国中医科学院	51	沈阳药科大学	19	中国医学科学院	24
18	天津药物研究院	48	西北农林科技大学	18	悉尼科技大学	22
19	北京工商大学	43	北京大学	17	沈阳药科大学	19
20	加拿大萨斯喀彻温大学	41	河南科技大学	17	北京大学	17

图4.11展示了天津市农业领域发文TOP20机构近10年的产出时间线。可以看出，天津科技大学的年度发文量除了2008年屈居第三，其他年份一直稳居第一，尤其是2014—2017年的发文量远超其他机构，是天津市农业领域增速最快的机构。此外天津大学近5年的发文量也可圈可点，且呈现出较平稳的发展态势。TOP11机构近10年来每年都有发文量，TOP20的机构中天津机构占了12个，天津科技大学、天津大学、南开大学是天津市农业领域的领先机构。

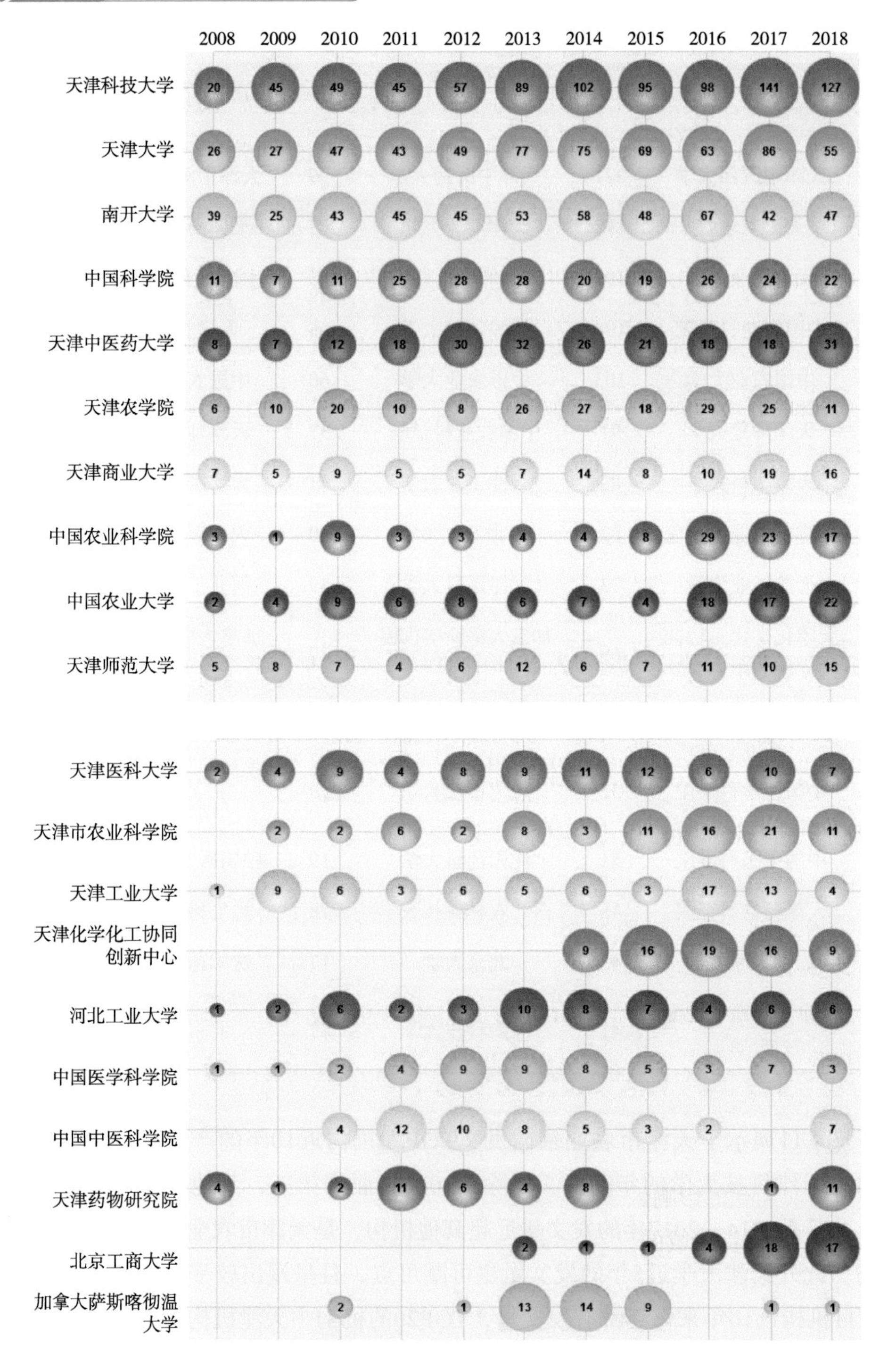

图4.11　天津市农业领域TOP20机构发文时间线

图4.12展示了天津市农业领域发文TOP10机构近10年的合作关系。可以看出，天津科技大学发表的868篇文章中有166篇文章是与TOP10中的其他9个机构合作撰写，其中与中国科学院合作的文章数最多，为47篇，其次与天津大学合作的文章为39篇，与中国农业大学合作的文章为21篇；天津大学发表的617篇文章中有151篇是与TOP10中的其他9个机构合作完成的，其中与天津中医药大学合作发文43篇，与天津科技大学合作发文39篇，与南开大学合作发文15篇。TOP10天津市的机构整体独立发文数量大于合作发文数量。

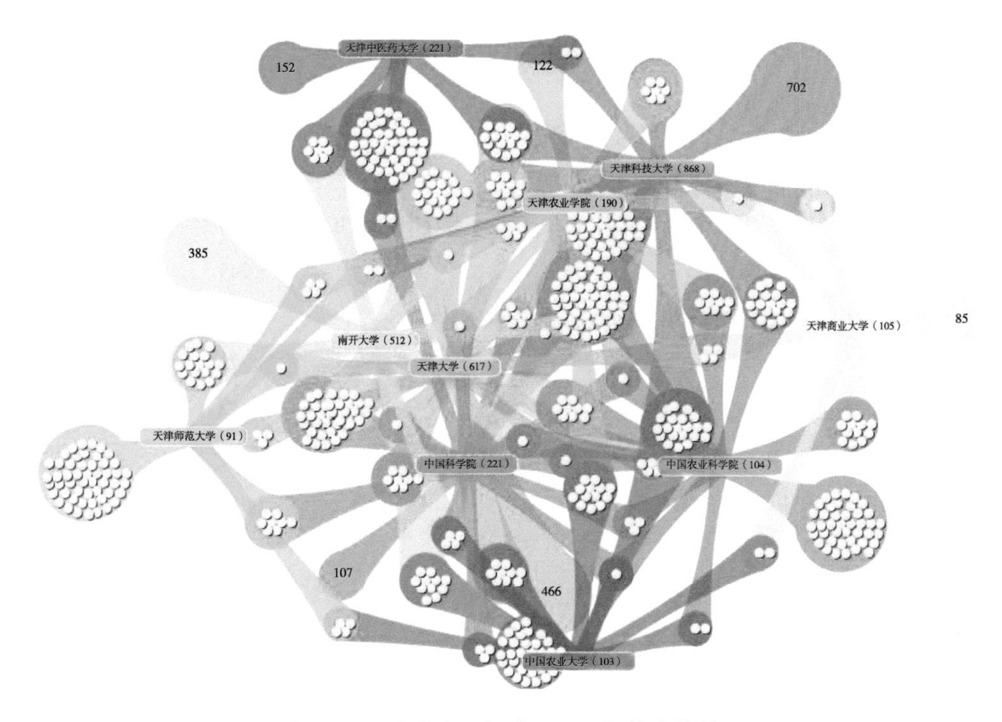

图4.12 天津市农业领域TOP10机构合作关系

4.3.4 发文期刊分析

本节基于最新的JCR期刊影响因子报告（2018年6月发布），分析天津市农业领域发文期刊的影响因子。

天津市农业领域的发文期刊中，影响因子最高的期刊为《MOLECULAR PLANT》，影响因子为9.326，发文量为2篇；排名第二的期刊为《PLANT CELL》，影响因子为8.228，发文量为3篇；排名第三的期刊为《NEW PHYTOLOGIST》，影响因子为7.433，发文量为3篇。影响因子TOP20的期刊文章数共有523篇，占全部文献量的17.46%。天津市农业领域的2 996篇文献分布在296种期刊或会议录中，期刊平均影响因子为2.18，说明这些文章的质量普遍较高（表4.9）。

表4.9 天津市农业领域TOP20影响因子期刊

排序	期刊名称	影响因子	发文量（篇）
1	MOLECULAR PLANT	9.326	2
2	PLANT CELL	8.228	3
3	NEW PHYTOLOGIST	7.433	3
4	COMPREHENSIVE REVIEWS IN FOOD SCIENCE AND FOOD SAFETY	7.028	1
5	TRENDS IN FOOD SCIENCE & TECHNOLOGY	6.609	3
6	PLANT BIOTECHNOLOGY JOURNAL	6.305	2
7	CRITICAL REVIEWS IN FOOD SCIENCE AND NUTRITION	6.015	2
8	PLANT PHYSIOLOGY	5.949	7
9	BIORESOURCE TECHNOLOGY	5.807	324
10	PLANT JOURNAL	5.775	3
11	JOURNAL OF EXPERIMENTAL BOTANY	5.354	9
12	MOLECULAR NUTRITION & FOOD RESEARCH	5.151	10
13	FOOD HYDROCOLLOIDS	5.089	35
14	FOOD CHEMISTRY	4.946	99
15	AGRONOMY FOR SUSTAINABLE DEVELOPMENT	4.503	2
16	PLANT METHODS	4.269	1
17	MOLECULAR PLANT PATHOLOGY	4.188	3
18	FOOD MICROBIOLOGY	4.090	6
19	PLANT AND CELL PHYSIOLOGY	4.059	6
20	JOURNAL OF GINSENG RESEARCH	4.053	2

天津市农业领域发文最多的期刊为《BIORESOURCE TECHNOLOGY》，发文量为324篇，影响因子为5.807，并且是发文量TOP20期刊中影响因子最高的期刊；发文量排名第二的期刊为《JOURNAL OF AGRICULTURAL AND FOOD CHEMISTRY》，发文量为311篇，影响因子为3.412；排名第三的期刊为《ANALYTICAL METHODS》发文量为141篇，影响因子为2.073（表4.10）。

表4.10　天津市农业领域发文量TOP20的期刊

排序	期刊名称	影响因子	发文量（篇）
1	BIORESOURCE TECHNOLOGY	5.807	324
2	JOURNAL OF AGRICULTURAL AND FOOD CHEMISTRY	3.412	311
3	ANALYTICAL METHODS	2.073	141
4	JOURNAL OF ETHNOPHARMACOLOGY	3.115	106
5	FOOD CHEMISTRY	4.946	99
6	JOURNAL OF ASIAN NATURAL PRODUCTS RESEARCH	1.091	62
7	INTERNATIONAL JOURNAL OF FOOD SCIENCE AND TECHNOLOGY	2.383	48
8	FOOD & FUNCTION	3.289	44
9	JOURNAL OF FOOD SCIENCE	2.018	43
10	PLANTA MEDICA	2.494	42
11	INDUSTRIAL CROPS AND PRODUCTS	3.849	39
12	STARCH-STARKE	2.173	39
13	AGRO FOOD INDUSTRY HI-TECH	—	38
14	FOOD ANALYTICAL METHODS	2.245	36
15	FOOD HYDROCOLLOIDS	5.089	35
16	JOURNAL OF THE SCIENCE OF FOOD AND AGRICULTURE	2.379	35
17	PHYTOMEDICINE	3.610	33
18	RESEARCH ON FOOD PACKAGING TECHNOLOGY	—	33
19	EUROPEAN FOOD RESEARCH AND TECHNOLOGY	1.919	31
20	JOURNAL OF FUNCTIONAL FOODS	3.470	31

4.3.5　研究方向分析

图4.13列出了天津市农业领域近10年发文TOP20研究方向分布，可以看出发文量最多的研究方向为食品科学与技术，文献量占比超过50%（52.50%），其次为农业，排名第三的为化学，排名第四的为植物科学，这4个研究方向的文献量远远超过其他方向。此外生物技术与应用微生物学、药理学与药学、能源与燃料3个研究方向的文献量也达到300篇以上，这7个研究方向为天津市农业领域最重要的研究方向。

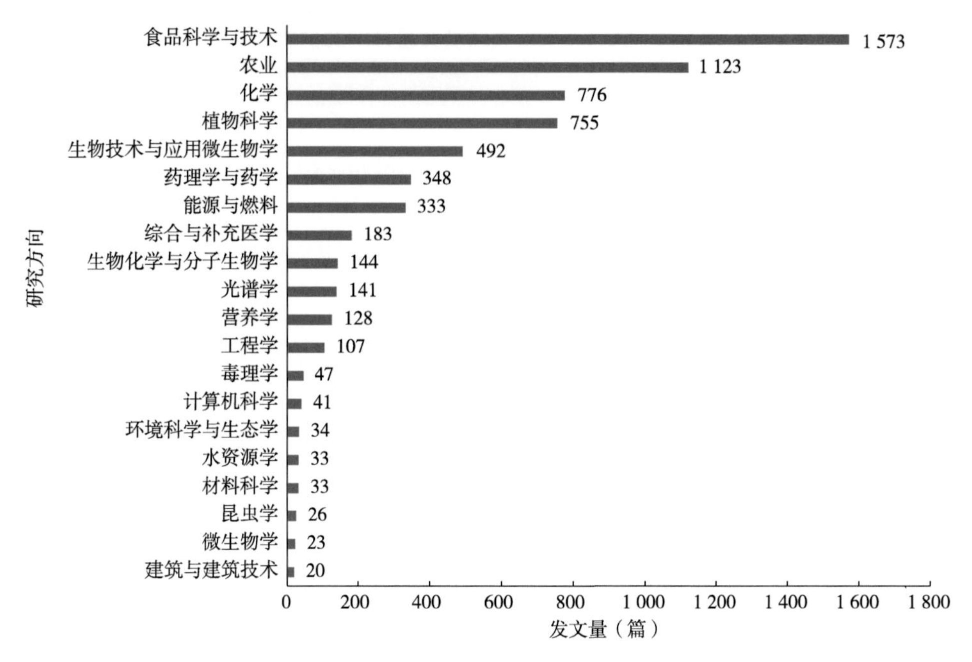

图4.13　天津市农业领域发文TOP20研究方向

4.3.6　基金资助分析

图4.14列出了天津市农业领域近10年发文的资助机构（基金）情况，资助最多的机构为国家自然科学基金委，资助项目发表论文为1 461篇，有368篇文章受到了天津市自然科学基金的资助，经国家高技术研究发展计划（863计划）、国家科技部基金、国家重点基础研究发展计划（973计划）资助的论文分别为294篇、266篇和214篇。

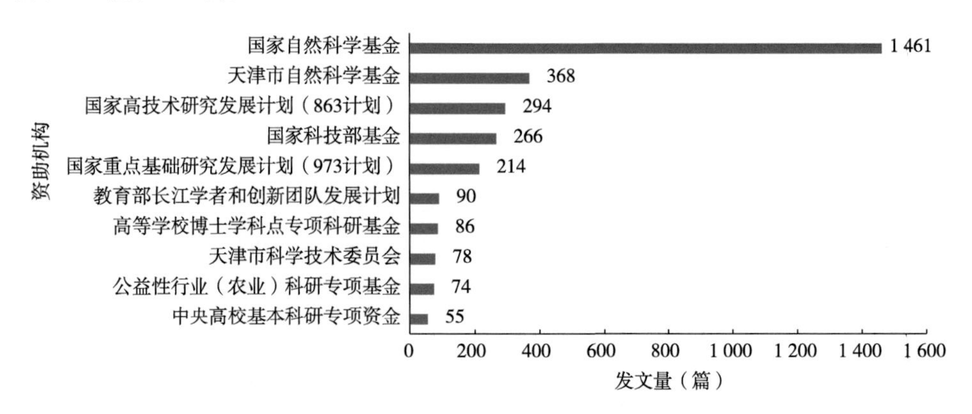

图4.14　天津市农业领域发文TOP10基金资助机构

4.3.7 研究前沿分析

遴选天津市农业领域近10年的2 996篇文献，统计文献的被引频次，选取每年被引频次TOP30的文章，使用Cosine算法计算其关联强度，并进行共被引网络聚类，挖掘天津市农业领域近10年的研究前沿。

天津市农业领域近10年的高被引文章共形成了281个聚类，其中显著度最高的聚类有3个，分别为#0：Starch（淀粉）、#1：Protein molecular structure（蛋白质分子结构）、#8：in vitro digestibility（体外消化率）。这些高被引文章的聚类可被认为是天津市农业领域近10年的研究前沿关注点，图4.15可以看出近10年各研究前沿的研究分布。

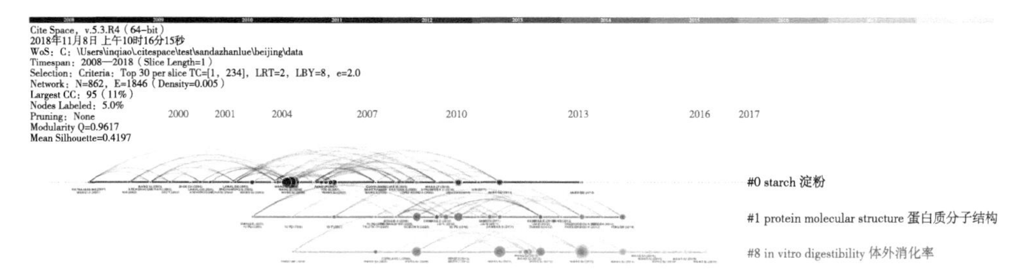

图4.15 天津市农业领域的研究前沿

表4.11提供了近10年共被引网络聚类高Sigma值节点信息，通过高Sigma值节点所分布的聚类，可以看出农业领域重点研究前沿有3个，重要性按高低排序依次为：Starch（淀粉）、in vitro digestibility（体外消化率）、Protein molecular structure（蛋白质分子结构）。

表4.11 共被引网络聚类高Sigma值节点信息

sigma	references	cluster#
1.03	Wang SJ，2006，FOOD CHEM，99，38	0
1.03	Wang SJ，2011，FOOD CHEM，126，1 546	8
1.02	Wang SJ，2006，CARBOHYD RES，341，289	0
1.02	Liu N，2010，J AGR FOOD CHEM，58，7 801	1
1.01	Wang SJ，2013，FOOD FUNCT，4，1 564	8
1.01	Doiron K，2009，J DAIRY SCI，92，3 319	1
1.01	Wang SJ，2012，J AGR FOOD CHEM，60，6 439	8
1.01	Wang SJ，2014，J AGR FOOD CHEM，62，3 636	8

（续表）

sigma	references	cluster#
1.01	Wang SJ，2006，FOOD CHEM，99，30	0
1.00	Wang SJ，2008，FOOD CHEM，108，176	8

表4.12展示了天津市农业领域3个重点研究前沿的详细信息，从中我们可以看出研究前沿所在的聚类大小，聚类节点的相似性，聚类文章的平均年份，相关的一组前沿文献等信息。

表4.12 重点前沿的详细信息

研究前沿	聚类	节点数	相似性	平均年份	相关前沿文献
Starch（淀粉）	0	47	0.995	2006	● JIANG，QQ（2011）Characteristics of native and enzymatically hydrolyzed zea mays l.，fritillaria ussuriensis maxim.and dioscorea opposita thunb. starches.FOOD HYDROCOLLOIDS DOI 10.1016/j.foodhyd.2010.08.003 ● JIANG，QQ（2011）Effect of acid-ethanol on the physicochemical properties of dioscorea opposita thunb. and pueraria thomsonii benth. starches.STARCH-STARKE DOI 10.1002/star.201000159
in vitro digestibility（体外消化率）	8	18	0.959	2011	● WANG，SJ（2014）A comparative study of annealing of waxy，normal and high-amylose maize starches：the role of amylose molecules.FOOD CHEMISTRY DOI 10.1016/j.foodchem.2014.05.055 ● WANG，SJ（2014）Alkali-induced changes in functional properties and in vitro digestibility of wheat starch：the role of surface proteins and lipids.JOURNAL OF AGRICULTURAL AND FOOD CHEMISTRY DOI 10.1021/jf500249w ● WANG，SJ（2017）Structural orders of wheat starch do not determine the in vitro enzymatic digestibility. JOURNAL OF AGRICULTURAL AND FOOD CHEMISTRY，V65，P10 DOI 10.1021/acs.jafc.6b04044

（续表）

研究前沿	聚类	节点数	相似性	平均年份	相关前沿文献
Protein molecular structure（蛋白质分子结构）	1	30	0.988	2010	● YANG，L（2013）Investigating the molecular structural features of hulless barley（hordeum vulgare l.）in relation to metabolic characteristics using synchrotron-based fourier transform infrared microspectroscopy.JOURNAL OF AGRICULTURAL AND FOOD CHEMISTRY，V61，P11 DOI 10.1021/jf403196z ● KHAN，NA（2014）Molecular structures and metabolic characteristics of protein in brown and yellow flaxseed with altered nutrient traits. JOURNAL OF AGRICULTURAL AND FOOD CHEMISTRY DOI 10.1021/jf501284a ● YU，PQ（2014）Interactive association between biopolymers and biofunctions in carinata seeds as energy feedstock and their coproducts（carinata meal）from biofuel and bio-oil processing before and after biodegradation：current advanced molecular spectroscopic investigations.JOURNAL OF AGRICULTURAL AND FOOD CHEMISTRY DOI 10.1021/jf405809m ● ……

4.3.8 研究热点和聚类分析

以天津市农业领域近10年的2 996篇文献为研究对象，获取文章全部关键词（包括作者关键词和wos数据库标引的关键词），利用VOSviewer关键词叙词表对所有关键词进行清洗，合并整理后选取出现频次大于等于10的关键词，展示农业领域研究热点和研究聚类（图4.16）。

天津市农业领域近10年的所有文章中出现频次大于等于10的关键词共有498个，取共现强度TOP500的关键词，TOP20研究热点为Extraction、Expression、Identification、Protein、Plants、Antioxidant activity、Acid、Growth、in-vitro、Antioxidant、Physicochemical properties、Oxidative stress、Cells、System、Fermentation、Mechanism、Rats、Gene、Purification、Derivatives。各研究热点的详细信息如表4.13所示。

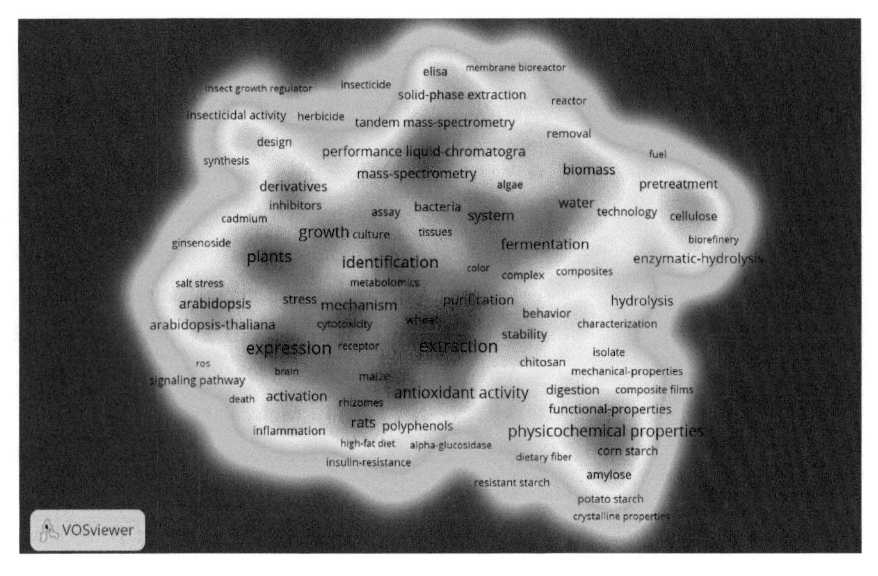

图4.16 天津市农业领域的研究热点

表4.13 研究热点的详细信息

排序	研究热点	所属聚类	共现强度	出现频次	平均年度	平均被引次数
1	Extraction	1	772	168	2014	11.613 1
2	Expression	3	687	160	2014	8.743 8
3	Identification	4	579	132	2014	9.234 8
4	Protein	2	588	129	2014	7.883 7
5	Plants	3	611	126	2013	10.039 7
6	Antioxidant activity	1	641	120	2014	12.308 3
7	Acid	1	615	116	2014	13.844 8
8	Growth	3	492	112	2013	9.017 9
9	in-vitro	1	534	111	2014	11.243 2
10	Antioxidant	1	523	104	2014	11.086 5
11	Physicochemical properties	2	569	103	2014	8.815 5
12	Oxidative stress	3	510	98	2014	9.979 6
13	Cells	1	424	97	2014	9.474 2
14	System	5	323	88	2014	9.113 6
15	Fermentation	6	407	83	2014	11.373 5
16	Mechanism	1	352	82	2014	9.792 7

（续表）

排序	研究热点	所属聚类	共现强度	出现频次	平均年度	平均被引次数
17	Rats	1	350	82	2014	11.402 4
18	Gene	3	358	81	2013	8.555 6
19	Purification	2	377	76	2014	7.789 5
20	Derivatives	7	314	73	2014	11.931 5

近10年天津市农业领域全部文章的Top500关键词共现网络可形成7个聚类，第一个聚类由Extraction、Antioxidant activity、Acid、in-vitro、Antioxidant、Cells、Mechanism、Rats、Polysaccharides等关键词相关的文章组成；第二个聚类由Protein、Physicochemical properties、Purification、Starch、Stability、Gelatinization、Functional-properties、Digestion、Cultivars、Amylose等关键词相关的文章组成；第三个聚类由Expression、Plants、Growth、Oxidative stress、Gene、Arabidopsis-thaliana、Arabidopsis、Escherichia-coli、Saccharomyces-cerevisiae、Stress等关键词相关的文章组成；第四个聚类由Identification、Performance liquid-chromatography、Quality、Food、Fruit等关键词相关的文章组成；第五个聚类由System、Temperature、Degradation、Performance、Adsorption等关键词相关的文章组成；第六个聚类由Pretreatment、Cellulose、Fractionation、Conversion、Oil等关键词相关的文章组成；第七个聚类由Derivatives、Resistance、Design、Inhibitors、Insecticdal activity等关键词相关的文章组成（图4.17）。

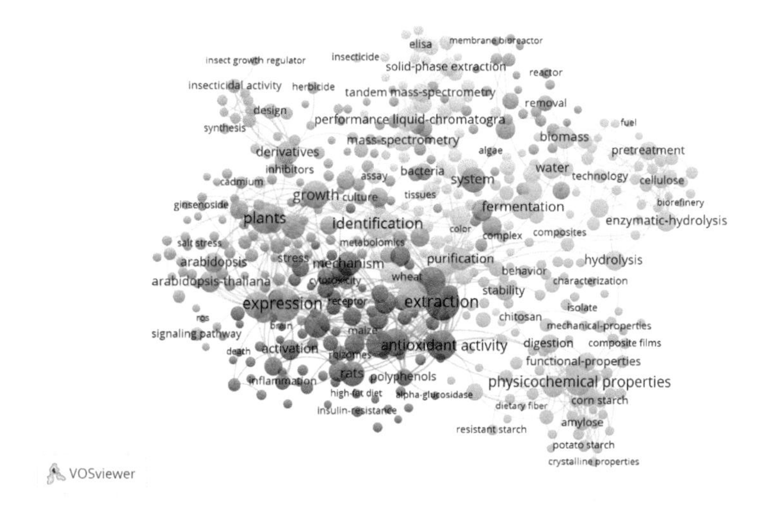

图4.17　天津市农业领域的研究聚类

4.3.9 新兴技术分析

天津市农业领域共发表文献2 996篇，经过自然语言处理后共得到16 137个主题词组，经过Emergence Indicators算法后遴选出58个主题词，这些主题词已经排除了没有意义的虚词，大多可以反映天津市农业领域的新兴技术趋势。表4.14展示了天津市农业领域TOP10新兴技术主题词涉及的文献数量和创新性得分。从表4.14中可看出，天津市农业领域的新兴技术点集中在拟南芥（Arabidopsis）、纳米粒子（Nanoparticles）、交联关系（Cross-linking）、肉制品处理（Meat-products）等技术上。

表4.14 天津市农业领域TOP10新兴技术主题词

排序	文献数量	主题词	创新性得分
1	56	Arabidopsis	5.192
2	35	Nanoparticles	5.044
3	13	Cross-linking	5.02
4	9	Meat-products	4.529
5	19	Resistant starch	4.487
6	14	Mechanical-properties	4.351
7	19	PHYSICAL-PROPERTIES	4.337
8	15	Saccharomyces cerevisiae	4.332
9	9	Wheat-starch	3.995
10	15	Signaling pathway	3.96

天津市农业领域新兴技术TOP10重点机构的文献数量及创新性得分如图4.18所示，可以看出，天津科技大学是天津市农业领域拥有新兴技术文献数量最多且创新性得分最高的重点机构，其文献数量为835，创新性得分为25；天津大学和南开大学创新性分列二三位，创新性得分分别为13.8和10.4；TOP10重点机构有6个来自天津市本地，说明天津市在农业领域新兴技术的自主研究水平相对较高（图4.18）。

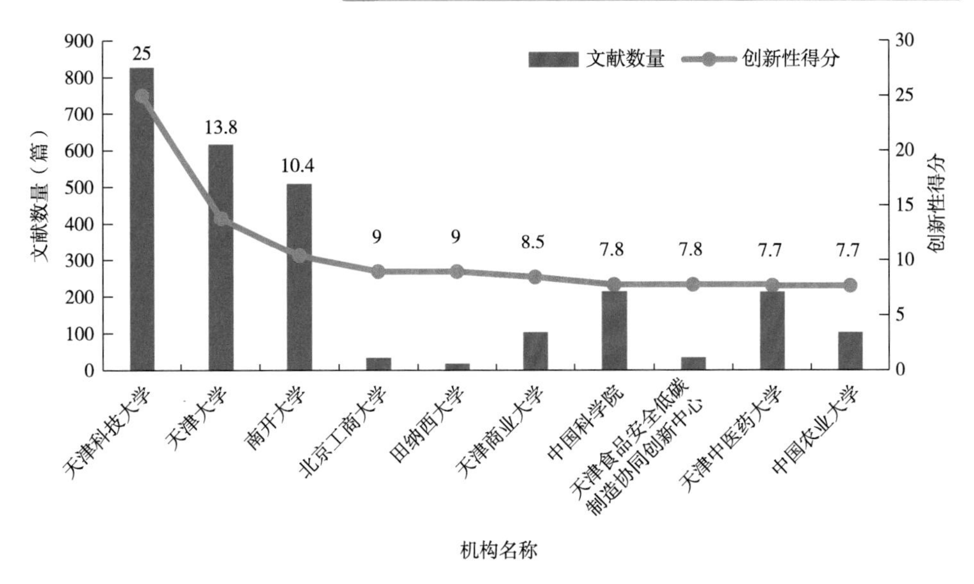

图4.18　天津市农业领域新兴技术TOP10研究机构

4.4　河北省农业科技发展态势分析

4.4.1　农业科技发展态势小结

截至2018年9月30日，共检索到河北省在农业领域近10年SCIE和CPCI发文一共2 446篇，发文曲线呈现整体上扬的态势，说明河北省近几年在农业领域的研究布局大大提高。

发文重点机构的分析结果显示，全部作者、第一作者和通讯作者发文最多的机构均是河北农业大学，发文量远超过其他机构，也是河北省农业领域增速最快的机构，发文量大于100篇的机构有9个，发文总量为2 388篇，占全部发文量的97.63%，河北农业大学、河北省农林科学院、河北大学是河北省农业领域的领先机构，TOP10河北省的机构整体独立发文数量大于合作发文数量。

河北省农业领域的发文期刊中，影响因子最高的期刊为《MOLECULAR PLANT》，影响因子为9.326，发文量为17篇，统计结果显示所有文章的期刊平均影响因子为2.06，文章质量普遍较高。农业、植物科学、食品科学与技术、化学和生物技术与应用微生物学5个研究方向为河北省农业领域最重要的研究方向。国家自然科学基金和河北省自然科学基金是资助河北省农业领域最多的基金机构。

河北省农业领域近10年的领域重点研究前沿有2个，重要性按高低排序依次为：aba-associated pathway（ABA信号通路）、PI translocation（π易位）。Top20研究热点为Expression、Plants、*Arabidopsis-thaliana*、Identification、Arabidopsis、Protein、Gene-expression、Growth、Maize、Wheat、Rice、Extraction、Transcription factor、Abscisic-acid、Gene、China、Yield、Tandem mass-spectrometry、Winter-wheat、Resistance。新兴技术点集中在粮食产量（Grain-yield）、气候变化（Climate change）、蛋白质（Protein）、热应激作用（Heat stress）等技术上。河北省农林科学院和河北农业大学是河北省农业领域创新性较高的本土机构。

4.4.2 发文趋势分析

截至2018年9月30日，近10年河北省在农业领域共计发表文献2 446篇，图4.19为河北省农业领域发文量随时间的变化情况。可看出2008年河北省在农业领域发文仅95篇，但2017年发文量达到429篇，较2016年显著增长，是2008年的近5倍，近10年的发文曲线呈现整体上扬的态势，说明河北省近几年在农业领域的研究布局大大提高。

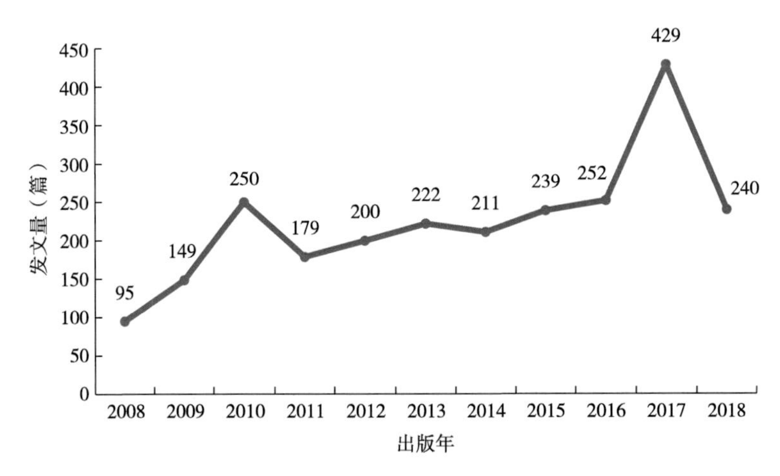

图4.19 河北省农业领域近10年发文趋势

4.4.3 重点机构分析

河北省农业领域发文TOP20机构中，全部作者、第一作者和通讯作者发文最多的机构均是河北农业大学，发文量分别为848篇、597篇和602篇，远超过其他机构；中国科学院排名第二，发文量分别为287篇、171篇和180篇；全部作者发文排名第三的机构为河北省农林科学院，而第一作者和通讯作者排名第三的则为河北大学。发文量大于100篇的机构有9个，发文总量为2 388篇，占全部发文量的79.71%（表4.15）。

表4.15　河北省农业领域近10年发文TOP20机构（单位：篇）

排序	全部作者发文机构	发文量	第一作者发文机构	发文量	通讯作者发文机构	发文量
1	河北农业大学	848	河北农业大学	597	河北农业大学	602
2	中国科学院	287	中国科学院	171	中国科学院	180
3	河北省农林科学院	241	河北大学	152	河北大学	146
4	河北大学	219	中国农业大学	127	中国农业大学	132
5	中国农业科学院	206	中国农业科学院	111	中国农业科学院	130
6	河北师范大学	186	河北师范大学	102	河北师范大学	98
7	中国农业大学	180	河北省农林科学院	83	河北省农林科学院	75
8	河北科技师范大学	115	河北医科大学	74	河北医科大学	72
9	河北科技大学	106	河北科技师范大学	54	河北科技师范大学	43
10	河北医科大学	96	河北工业大学	40	河北科技大学	37
11	河北工程大学	69	河北科技大学	39	河北工业大学	37
12	中国科学院大学	61	西北农林科技大学	33	西北农林科技大学	32
13	河北工业大学	55	河北工程大学	31	南京农业大学	26
14	燕山大学	50	南京农业大学	26	河北工程大学	25
15	河北北方学院	49	燕山大学	26	燕山大学	25
16	西北农林科技大学	49	北京林业大学	22	北京林业大学	23
17	南京农业大学	38	河北北方学院	16	河北北方学院	16
18	河北经贸大学	37	华北理工大学	13	江南大学	16
19	北京林业大学	29	山东农业大学	13	山东农业大学	14
20	山东农业大学	29	天津大学	13	华北理工大学	13

图4.20展示了河北省农业领域发文TOP20机构近10年的产出时间线。可以看出，河北农业大学的年度发文量一直稳居第一，尤其是2010年和2017年的发文量远超其他机构，是河北省农业领域发文最早、增速最快的机构。此外河北省农林科学院近5年的发文量也可圈可点，TOP10机构近10年来每年都有发文量，

TOP20的机构中河北机构占了12个，河北农业大学、河北省农林科学院、河北大学是河北省农业领域的领先机构。

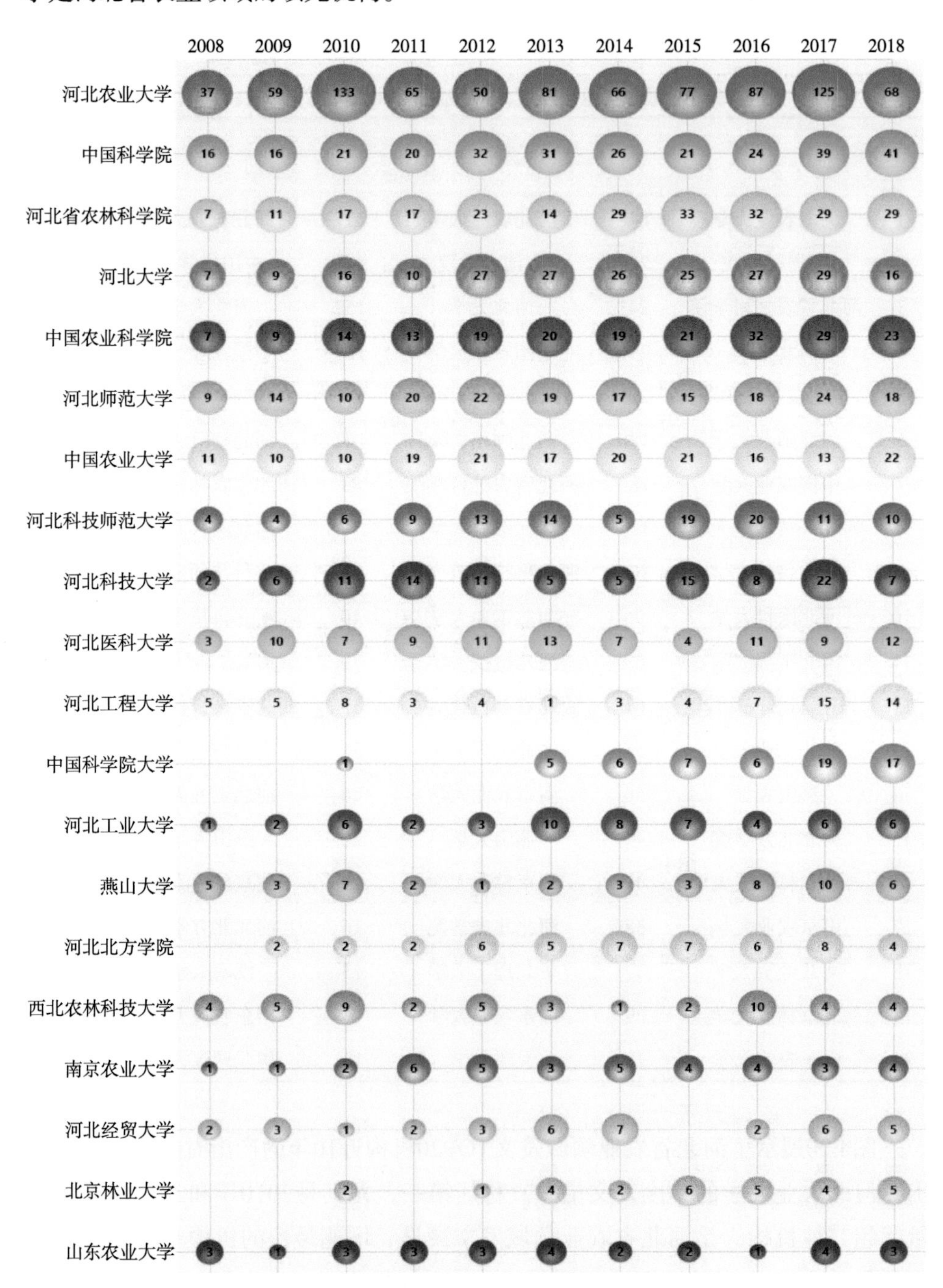

图4.20 河北省农业领域TOP20机构发文时间线

图4.21展示了河北省农业领域发文TOP10机构近10年的合作关系。可以看出，河北农业大学发表的848篇文章中有184篇文章与其他9个机构合作撰写，其中与中国农业科学院合作的文章数最多，为60篇，其次与中国农业大学合作的文章为36篇，与中国科学院合作的文章为36篇；河北省农林科学院发表的241篇文章中有120篇是与其他9个机构合作完成的，其中与中国农业科学院合作发文35篇，与中国农业大学合作发文25篇，与中国科学院合作发文20篇。TOP10河北省的机构整体独立发文数量大于合作发文数量。

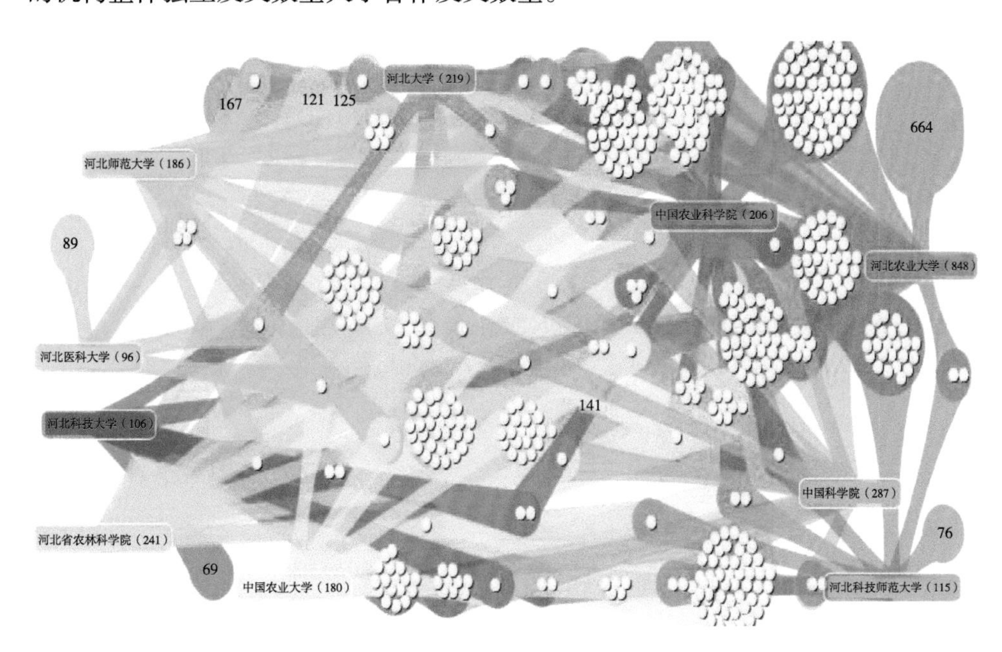

图4.21 河北省农业领域TOP10机构合作关系

4.4.4 发文期刊分析

本节基于最新的JCR期刊影响因子报告（2018年6月发布），分析河北省农业领域发文期刊的影响因子。

河北省农业领域的发文期刊中，影响因子最高的期刊为《MOLECULAR PLANT》，影响因子为9.326，发文量为17篇；排名第二的期刊为《PLANT CELL》，影响因子为8.228，发文量为13篇；排名第三的期刊为《NEW PHYTOLOGIST》，影响因子为7.433，发文量为16篇。影响因子TOP20的期刊文章数共有273篇，占全部文献量的11.16%，河北省农业领域的2 446篇文献分布在348个期刊中，期刊平均影响因子为2.06，说明这些文章的质量普遍较高（表4.16）。

表4.16　河北省农业领域TOP20影响因子期刊（单位：篇）

排序	期刊名称	影响因子	发文量
1	MOLECULAR PLANT	9.326	17
2	PLANT CELL	8.228	13
3	NEW PHYTOLOGIST	7.433	16
4	CURRENT OPINION IN PLANT BIOLOGY	7.349	1
5	TRENDS IN FOOD SCIENCE & TECHNOLOGY	6.609	1
6	PLANT BIOTECHNOLOGY JOURNAL	6.305	3
7	CRITICAL REVIEWS IN FOOD SCIENCE AND NUTRITION	6.015	1
8	PLANT PHYSIOLOGY	5.949	32
9	BIORESOURCE TECHNOLOGY	5.807	52
10	PLANT JOURNAL	5.775	22
11	PLANT CELL AND ENVIRONMENT	5.415	7
12	JOURNAL OF EXPERIMENTAL BOTANY	5.354	14
13	MOLECULAR NUTRITION & FOOD RESEARCH	5.151	5
14	FOOD HYDROCOLLOIDS	5.089	7
15	FOOD CHEMISTRY	4.946	61
16	AGRONOMY FOR SUSTAINABLE DEVELOPMENT	4.503	1
17	PLANT METHODS	4.269	1
18	MOLECULAR PLANT PATHOLOGY	4.188	4
19	PLANT AND CELL PHYSIOLOGY	4.059	6
20	AGRICULTURAL AND FOREST METEOROLOGY	4.039	9

河北省农业领域发文最多的期刊为《AGRO FOOD INDUSTRY HI-TECH》，发文量为176篇；发文量排名第二的期刊为《CIVIL ENGINEERING IN CHINA-CURRENT PRACTICE AND RESEARCH REPORT》，发文量为109篇；排名第三的期刊《ANALYTICAL METHODS》发文量也超过107篇，并且影响因子为2.073，发文量TOP20的期刊中《PLANT PHYSIOLOGY》的影响因子最高，为5.949，发文量为32篇（表4.17）。

表4.17 河北省农业领域发文量TOP20的期刊（单位：篇）

排序	期刊名称	影响因子	发文量
1	AGRO FOOD INDUSTRY HI-TECH	—	176
2	CIVIL ENGINEERING IN CHINA-CURRENT PRACTICE AND RESEARCH REPORT	—	109
3	ANALYTICAL METHODS	2.073	107
4	JOURNAL OF INTEGRATIVE AGRICULTURE	1.042	65
5	FOOD CHEMISTRY	4.946	61
6	JOURNAL OF AGRICULTURAL AND FOOD CHEMISTRY	3.412	54
7	BIORESOURCE TECHNOLOGY	5.807	52
8	FRONTIERS IN PLANT SCIENCE	3.678	45
9	PLANT DISEASE	2.941	41
10	PLANT PHYSIOLOGY	5.949	32
11	AGRICULTURAL SCIENCES IN CHINA	—	31
12	EUPHYTICA	1.546	30
13	I INTERNATIONAL JUJUBE SYMPOSIUM	—	30
14	JOURNAL OF ETHNOPHARMACOLOGY	3.115	29
15	FOOD ANALYTICAL METHODS	2.245	28
16	JOURNAL OF FOOD AGRICULTURE & ENVIRONMENT	—	28
17	FIELD CROPS RESEARCH	3.127	24
18	POULTRY SCIENCE	2.216	24
19	AGRICULTURAL WATER MANAGEMENT	3.182	23
20	FOOD CONTROL	3.667	22

4.4.5 研究方向分析

图4.22列出了河北省农业领域近10年发文TOP20研究方向分布，可以看出发文量最多的研究方向为农业，文献量占比接近50%；其次为植物科学，排名第三的为食品科学与技术，这3个研究方向的文献量远远超过其他方向。此外化学和生物技术与应用微生物学2个研究方向的文献量也达到300篇以上，这5个研究方向为河北省农业领域最重要的研究方向（图4.22）。

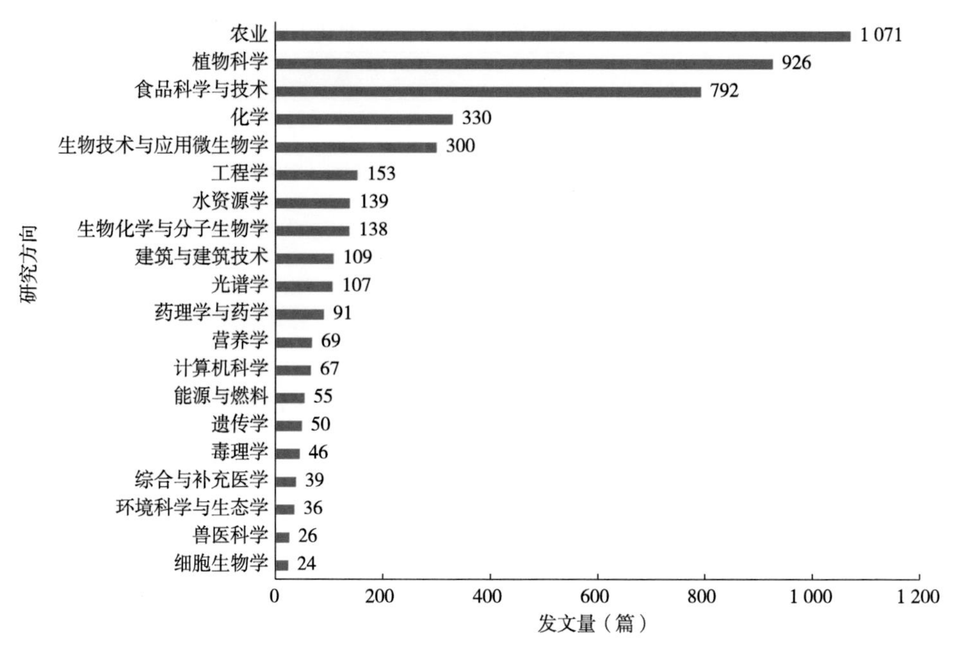

图4.22　河北省农业领域发文TOP20研究方向

4.4.6　基金资助分析

图4.23列出了河北省农业领域近10年发文的资助机构（基金）情况，资助最多的机构为国家自然科学基金委，资助项目发表论文为863篇，有394篇文章受到了河北省自然科学基金的资助，经国家重点基础研究发展计划（973计划）和国家高技术研究发展计划（863计划）资助的论文分别为155篇和147篇。

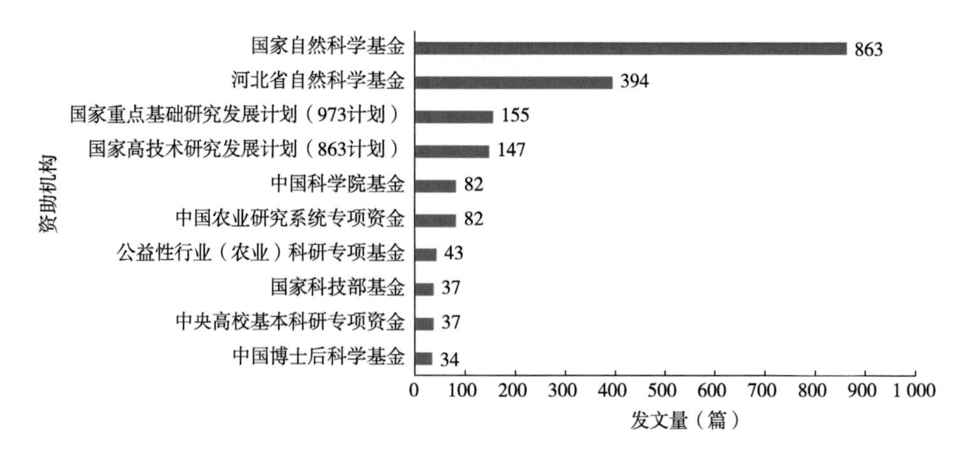

图4.23　河北省农业领域TOP10基金资助机构

4.4.7 研究前沿分析

遴选河北省农业领域近10年的2 446篇文献，统计文献的被引频次，选取每年被引频次TOP30的文章，使用Cosine算法计算其关联强度，并进行共被引网络聚类，挖掘河北省农业领域近10年的研究前沿。

河北省农业领域近10年的高被引文章共形成了350个聚类，其中显著度最高的聚类有2个，分别为#2：PI translocation（π易位）、#4：Aba-associated pathway（ABA信号通路）。这些高被引文章的聚类可被认为是河北省农业领域近10年的研究前沿关注点，图4.24可看出近10年各研究前沿的研究分布。

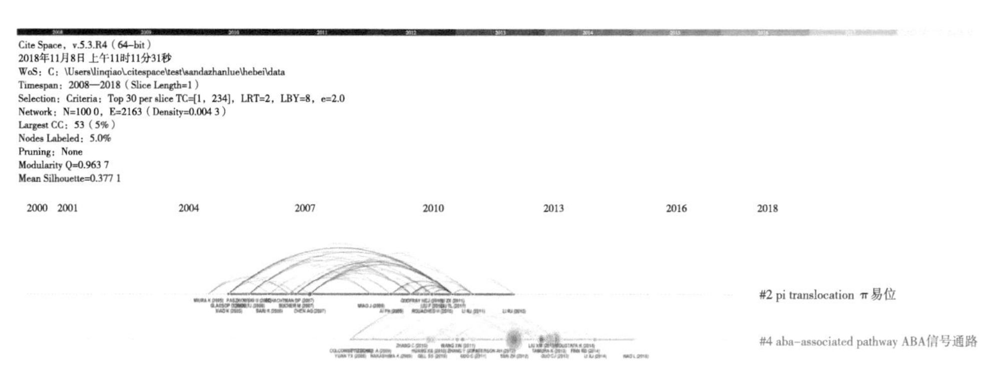

图4.24 河北省农业领域的研究前沿

表4.18提供了近10年共被引网络聚类高Sigma值节点信息，通过高Sigma值节点所分布的聚类，可以看出农业领域重点研究前沿有2个，重要性按高低排序依次为：Aba-associated pathway（ABA信号通路）、PI translocation（π易位）。

表4.18 共被引网络聚类高Sigma值节点信息

sigma	references	cluster#
1.01	Sun ZH，2012，J INTEGR AGR，11，31	4
1.00	Tamura K，2013，MOL BIOL EVOL，30，2 725	4
1.00	Guo CJ，2013，PLANTA，237，1 163	4
1.00	Zhou HX，2013，THEOR APPL GENET，126，2 141	0
1.00	Gill SS，2010，PLANT PHYSIOL BIOCH，48，909	4
1.00	Liu XM，2013，FUNCT PLANT BIOL，40，329	4

表4.19展示了河北省农业领域2个重点研究前沿的详细信息，从中我们可以

看出研究前沿所在的聚类大小，聚类节点的相似性，聚类文章的平均年份，相关的一组前沿文献等信息。

表4.19 重点前沿的详细信息

研究前沿	聚类	节点数	相似性	平均年份	相关前沿文献
Aba-associated pathway（ABA信号通路）	4	24	0	2011	● SONG，XM（2016）Origination，expansion，evolutionary trajectory，and expression bias of ap2/erf superfamily in brassica napus. FRONTIERS IN PLANT SCIENCE DOI 10.3389/fpls.2016.01186 ● YANG，TR（2016）Tabhlh1，a bhlh-type transcription factor gene in wheat，improves plant tolerance to pi and n deprivation via regulation of nutrient transporter gene transcription and ros homeostasis. PLANT PHYSIOLOGY AND BIOCHEMISTRY，V104，P15 DOI 10.1016/j.plaphy.2016.03.023 ● ……
PI translocation（π易位）	2	29	0	2008	● GUO，CJ（2013）Function of wheat phosphate transporter gene tapht2；1 in pi translocation and plant growth regulation under replete and limited pi supply conditions. PLANTA，V237，P16 DOI 10.1007/s00425-012-1836-2

4.4.8 研究热点和聚类分析

以河北省农业领域近10年的2 446篇文献为研究对象，获取文章全部关键词（包括作者关键词和wos数据库标引的关键词），利用VOSviewer关键词叙词表对所有关键词进行清洗，合并整理后选取出现频次大于等于10的关键词，展示农业领域研究热点和研究聚类（图4.25）。

河北省农业领域近10年的所有文章中，出现频次大于等于10的关键词共有332个，取共现强度TOP500的关键词，TOP20研究热点为Expression、Plants、*Arabidopsis-thaliana*、Identification、Arabidopsis、Protein、Gene-expression、Growth、Maize、Wheat、Rice、Extraction、Transcription factor、Abscisic-acid、Gene、China、Yield、Tandem mass-spectrometry、Winter-wheat、Resistance。各研究热点的详细信息如表4.20所示。

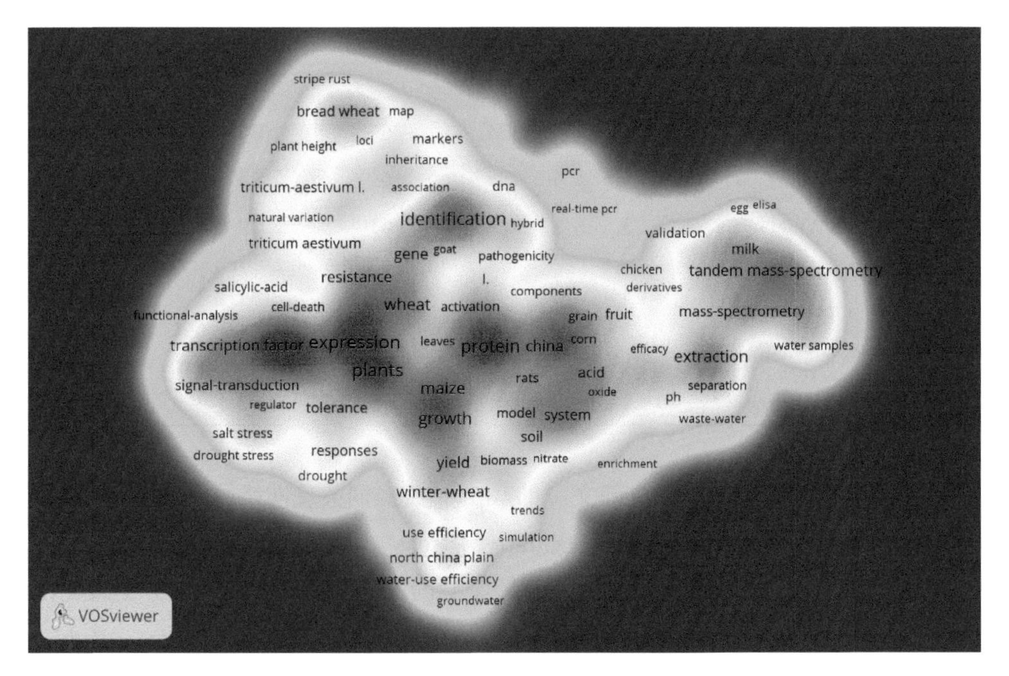

图4.25　河北省农业领域的研究热点

表4.20　研究热点的详细信息

排序	研究热点	所属聚类	共现强度	出现频次	平均年度	平均被引次数
1	Expression	2	728	147	2013	7.755 1
2	Plants	2	718	144	2013	10.444 4
3	*Arabidopsis-thaliana*	2	666	134	2014	16.835 8
4	Identification	3	582	113	2014	5.309 7
5	Arabidopsis	2	553	110	2013	13.963 6
6	Protein	1	425	101	2014	7.604 0
7	Gene-expression	2	451	99	2014	12.787 9
8	Growth	1	410	95	2013	8.284 2
9	Maize	5	477	93	2014	7.462 4
10	Wheat	3	477	91	2014	6.175 8
11	Rice	2	438	90	2014	10.766 7
12	Extraction	4	340	85	2014	9.058 8
13	Transcription factor	2	354	69	2014	15.768 1
14	Abscisic-acid	2	400	68	2014	17.735 3

（续表）

排序	研究热点	所属聚类	共现强度	出现频次	平均年度	平均被引次数
15	Gene	3	324	66	2013	8.727 3
16	China	5	189	63	2014	4.888 9
17	Yield	5	330	63	2014	8.127 0
18	Tandem mass-spectrometry	4	259	62	2013	13.209 7
19	Winter-wheat	5	318	60	2014	8.550 0
20	Resistance	2	288	58	2013	6.706 9

近10年河北省农业领域全部文章的Top500关键词共现网络可形成5个聚类，第一个聚类由Protein、Growth、Oxidative stress、System、Quality、Acid、in vitro、Cells、Temperature、Performance等关键词相关的文章组成；第二个聚类由Expression、Plants、*Arabidopsis-thaliana*、Arabidopsis、Gene-expression、Rice、Transcription factor、Abscisic-acid、Resistance、Stress等关键词相关的文章组成；第三个聚类由Identification、Wheat、Gene、Bread wheat、*Triticum-aestivum* L.、Populations、Triticum aestivum、Quantitative trait loci、Disease resistance等关键词相关的文章组成；第四个聚类由Extraction、Tandem mass-spectrometry、Mass-spectrometry、Performance liquid-chromatography、Food等关键词相关的文章组成；第五个聚类由Maize、China、Yield、Winter-wheat、Grain-yield等关键词相关的文章组成（图4.26）。

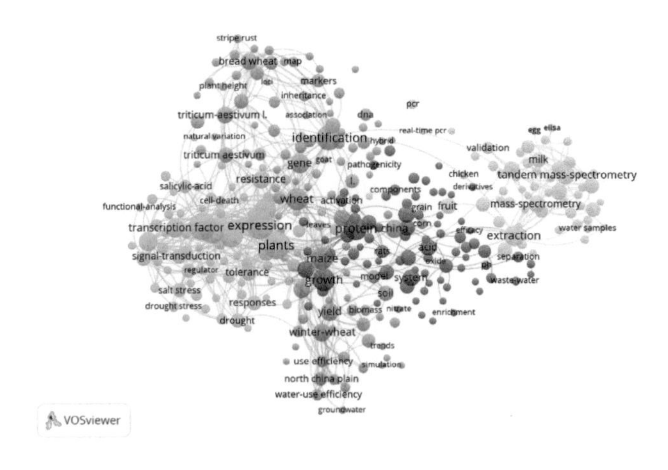

图4.26　河北省农业领域的研究聚类

4.4.9 新兴技术分析

河北省农业领域共发表文献2 446篇，经过自然语言处理后共得到12 844个主题词组，经过Emergence Indicators算法后遴选出30个主题词，这些主题词已经排除了没有意义的虚词，大多可以反映河北省农业领域的新兴技术趋势。表4.21展示了河北省农业领域TOP10新兴技术主题词涉及的文献数量和创新性得分。从表中可看出，河北省农业领域的新兴技术点集中在粮食产量（Grain-yield）、气候变化（Climate change）、蛋白质（Protein）、热应激作用（Heat stress）等技术上。

表4.21 河北省农业领域TOP30新兴技术主题词

排序	文献数量	主题词	创新性得分
1	42	Grain-yield	6.632
2	12	Climate change	6.625
3	72	Protein	5.611
4	10	Heat stress	4.531
5	23	Evapotranspiration	4.332
6	41	Winter-wheat	4.177
7	10	Real-time PCR	3.92
8	12	Abscisic acid	3.734
9	16	Agronomic traits	3.732
10	14	Cropping system	3.551

河北省农业领域新兴技术TOP10重点机构的文献数量及创新性得分如图4.27所示，可以看出，中国科学院是河北省农业领域创新性得分最高的重点机构，其文献数量为286篇，创新性得分为16.6；中国科学院大学和河北省农林科学院创新性分列二三位；创新性得分分别为11.2和11.1；河北农业大学的文献数量最多，为645篇，创新性得分位于第七位，为7.6；TOP10重点机构仅有4个来自河北省本地，说明河北省在农业领域的新兴技术多是和其他省市共同开展的研究。

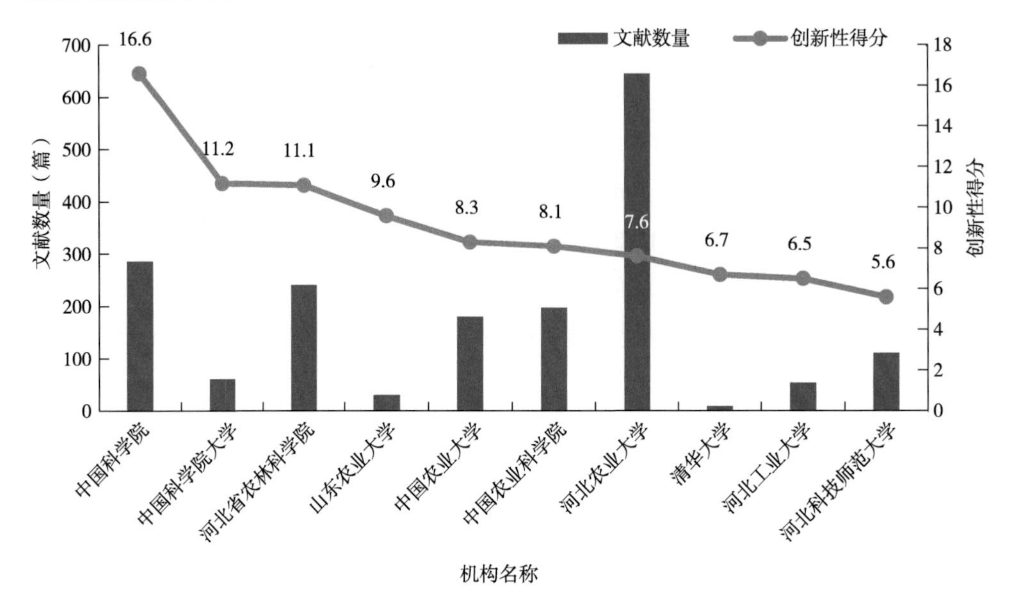

图4.27　河北省农业领域新兴技术TOP10研究机构

4.5　小结

本章基于京津冀地区近10年农业领域的SCIE和CPCI文献，对该地区的农业科技发展态势做了深入分析，截至2018年9月30日，共检索到北京地区发文量30 187篇、天津地区发文量2 996篇、河北地区发文量2 446篇，由于科研院所和人才配置等原因，整体来看，北京市的发文量远超过天津和河北2个省市，在农业领域的地位十分显著，3个地区近10年的发文量整体都呈现上扬的态势，且3个地区发文期刊的平均影响因子为2.25、2.18和2.16，文章质量普遍较高，说明京津冀地区在农业领域近10年的科技发展十分迅速。

分地区来看，北京市农业领域最重要的科研机构为中国科学院、中国农业大学和中国农业科学院；重点研究方向为植物科学、农业科学和食品科学与技术；文章的基金资助来源主要为国家自然科学基金委、国家重点基础研究发展计划（973计划）和中国科学院资助项目。北京市农业领域近10年的重点研究前沿有6个，重要性按高低排序依次为：DREB（转录因子）、comparative genomics（比较基因组学）、*Arabidopsis thaliana*（拟南芥）、RNA-seq（转录组测序技术）、*Triticum aestivum*（小麦）、DNA barcoding（DNA条形码）。TOP20研究热点为Plants、*Arabidopsis-thaliana*、Growth、Expression、

Arabidopsis、Identification、China、Protein、Gene-expression、Gene、Rice、System、Maize、Temperature、Wheat、Extraction、Yield、Quality、Transcription factor、Performance。北京市农业领域的新兴技术点集中在肠道微生物集群（Gut microbiota）、气候变化（Climate-change）、转录组测序技术（RNA-Seq）、污水处理（Sewage-sludge）、基因组编辑（Genome editing）等技术上。北京市在农业领域新兴技术的自主研究水平相当高。

天津市农业领域最重要的科研机构为天津科技大学、天津大学和南开大学；重点研究方向为食品科学与技术、农业科学和化学；文章的基金资助来源主要为国家自然科学基金委和天津市自然科学基金委。天津市农业领域近10年的重点研究前沿有3个，重要性按高低排序依次为：Starch（淀粉）、in vitro digestibility（体外消化率）、Protein molecular structure（蛋白质分子结构）。Top20研究热点为Extraction、Expression、Identification、Protein、Plants、Antioxidant activity、Acid、Growth、in-vitro、Antioxidant、Physicochemical properties、Oxidative stress、Cells、System、Fermentation、Mechanism、Rats、Gene、Purification、Derivatives。天津市农业领域的新兴技术点集中在拟南芥（*Arabidopsis*）、纳米粒子（Nanoparticles）、交联关系（Cross-linking）、肉制品处理（Meat-products）等技术上。天津市在农业领域新兴技术的自主研究水平相对较高。

河北省农业领域最重要的科研机构为河北农业大学、河北省农林科学院和河北大学；重点研究方向为农业科学、植物科学和食品科学与技术；文章的基金资助来源主要为国家自然科学基金委和河北省自然科学基金。河北省农业领域近10年的领域重点研究前沿有2个，重要性按高低排序依次为：Aba-associated pathway（ABA信号通路）、PI translocation（π易位）。TOP20研究热点为Expression、Plants、*Arabidopsis-thaliana*、Identification、Arabidopsis、Protein、Gene-expression、Growth、Maize、Wheat、Rice、Extraction、Transcription factor、Abscisic-acid、Gene、China、Yield、Tandem mass-spectrometry、Winter-wheat、Resistance。河北省农业领域的新兴技术点集中在粮食产量（Grain-yield）、气候变化（Climate change）、蛋白质（Protein）、热应激作用（Heat stress）等技术上。河北省在农业领域的新兴技术多是和其他省市共同开展的研究。

附录1　检索策略

北京

检索结果：30 187条

AD=（“beijing”and“Peoples R China”）

索引=SCI-EXPANDED，CPCI-S时间跨度=2008—2018

AD=（“beijing”and“Peoples R China”）AND WC=（PLANT SCIENCES OR FOOD SCIENCE TECHNOLOGY OR AGRONOMY OR AGRICULTURE MULTIDISCIPLINARY OR AGRICULTURAL ENGINEERING OR AGRICULTURE DAIRY ANIMAL SCIENCE OR AGRICULTURAL ECONOMICS POLICY）

天津

检索结果：2 996条

AD=（“tianjin”and“Peoples R China”）

索引=SCI-EXPANDED，CPCI-S时间跨度=2008—2018

AD=（“tianjin”and“Peoples R China”）AND WC=（PLANT SCIENCES OR FOOD SCIENCE TECHNOLOGY OR AGRONOMY OR AGRICULTURE MULTIDISCIPLINARY OR AGRICULTURAL ENGINEERING OR AGRICULTURE DAIRY ANIMAL SCIENCE OR AGRICULTURAL ECONOMICS POLICY）

河北

检索结果：2 446条

AD=（“hebei”and“Peoples R China”）

索引=SCI-EXPANDED，CPCI-S时间跨度=2008—2018

AD=（“hebei”and“Peoples R China”）AND WC=（PLANT SCIENCES OR FOOD SCIENCE TECHNOLOGY OR AGRONOMY OR AGRICULTURE MULTIDISCIPLINARY OR AGRICULTURAL ENGINEERING OR AGRICULTURE DAIRY ANIMAL SCIENCE OR AGRICULTURAL ECONOMICS POLICY）

附录2　高被引和热点文章列表

北京

序号	题名	期刊	发表年份	被引频次	备注
1	Anatomical traits associated with absorption and mycorrhizal colonization are linked to root branch order in twenty-three Chinese temperate tree species	NEW PHYTOLOGIST	2008	198	高被引
2	Global response patterns of terrestrial plant species to nitrogen addition	NEW PHYTOLOGIST	2008	252	高被引
3	Selenium uptake，translocation and speciation in wheat supplied with selenate or selenite	NEW PHYTOLOGIST	2008	217	高被引
4	Water-mediated responses of ecosystem carbon fluxes to climatic change in a temperate steppe	NEW PHYTOLOGIST	2008	162	高被引
5	Inclusive composite interval mapping（ICIM）for digenic epistasis of quantitative traits in biparental populations	THEORETICAL AND APPLIED GENETICS	2008	147	高被引
6	Verticillium dahliae transcription factor VdFTF1 regulates the expression of multiple secreted virulence factors and is required for full virulence in cotton	MOLECULAR PLANT PATHOLOGY	2018	3	高被引
7	Critical temperature and precipitation thresholds for the onset of xylogenesis of Juniperus przewalskii in a semi-arid area of the north-eastern Tibetan Plateau	ANNALS OF BOTANY	2018	3	高被引/热点
8	Covalent conjugation of bovine serum album and sugar beet pectin through Maillard reaction/laccase catalysis to improve the emulsifying properties	FOOD HYDROCOLLOIDS	2018	5	高被引
9	Simultaneous optimization of the ultrasound-assisted extraction for phenolic compounds content and antioxidant activity of Lycium ruthenicum Murr. fruit using response surface methodology	FOOD CHEMISTRY	2018	11	高被引

（续表）

序号	题名	期刊	发表年份	被引频次	备注
10	Structure characterisation of polysaccharides in vegetable “okra” and evaluation of hypoglycemic activity	FOOD CHEMISTRY	2018	5	高被引
11	Circadian Evening Complex Represses Jasmonate-Induced Leaf Senescence in Arabidopsis	MOLECULAR PLANT	2018	3	高被引
12	De novo root regeneration from leaf explants：wounding，auxin，and cell fate transition	CURRENT OPINION IN PLANT BIOLOGY	2018	7	高被引
13	Biomimetic aquaporin membranes for osmotic membrane bioreactors：Membrane performance and contaminant removal	BIORESOURCE TECHNOLOGY	2018	5	高被引
14	Multiplexed CRISPR/Cas9-mediated metabolic engineering of gamma-aminobutyric acid levels in Solanum lycopersicum	PLANT BIOTECHNOLOGY JOURNAL	2018	10	高被引
15	Construction of a multicontrol sterility system for a maize male-sterile line and hybrid seed production based on the ZmMs7 gene encoding a PHD-finger transcription factor	PLANT BIOTECHNOLOGY JOURNAL	2018	6	高被引
16	Phytochemistry，pharmacology，quality control and future research of Forsythia suspensa（Thunb.）Vahl：A review	JOURNAL OF ETHNOPHARMACOLOGY	2018	6	高被引
17	The impact of the postharvest environment on the viability and virulence of decay fungi	CRITICAL REVIEWS IN FOOD SCIENCE AND NUTRITION	2018	4	高被引
18	The association of hormone signalling genes，transcription and changes in shoot anatomy during moso bamboo growth	PLANT BIOTECHNOLOGY JOURNAL	2018	3	高被引
19	CRISPR/Cas9-mediated targeted mutagenesis of GmFT2a delays flowering time in soya bean	PLANT BIOTECHNOLOGY JOURNAL	2018	7	高被引

（续表）

序号	题名	期刊	发表年份	被引频次	备注
20	Three-Dimensional Analysis of Chloroplast Structures Associated with Virus Infection	PLANT PHYSIOLOGY	2018	3	高被引
21	Vessel diameter is related to amount and spatial arrangement of axial parenchyma in woody angiosperms	PLANT CELL AND ENVIRONMENT	2018	3	高被引
22	Anaerobic digestion of food waste-Challenges and opportunities	BIORESOURCE TECHNOLOGY	2018	10	高被引
23	Purification and reuse of non-point source wastewater via Myriophyllum-based integrative biotechnology：A review	BIORESOURCE TECHNOLOGY	2018	4	高被引
24	Microbial characteristics in anaerobic digestion process of food waste for methane production-A review	BIORESOURCE TECHNOLOGY	2018	8	高被引
25	Crop Breeding Chips and Genotyping Platforms：Progress，Challenges，and Perspectives	MOLECULAR PLANT	2017	20	高被引
26	Apoplastic ROS signaling in plant immunity	CURRENT OPINION IN PLANT BIOLOGY	2017	14	高被引/热点
27	The uncertainty of crop yield projections is reduced by improved temperature response functions	NATURE PLANTS	2017	16	高被引
28	Progress and prospects in plant genome editing	NATURE PLANTS	2017	26	高被引
29	Spatial and temporal uncertainty of crop yield aggregations	EUROPEAN JOURNAL OF AGRONOMY	2017	14	高被引
30	MicroRNAs in crop improvement：fine-tuners for complex traits	NATURE PLANTS	2017	14	高被引

（续表）

序号	题名	期刊	发表年份	被引频次	备注
31	miR156-Targeted SBP-Box Transcription Factors Interact with DWARF53 to Regulate TEOSINTE BRANCHED1 and BARREN STALK1 Expression in Bread Wheat	PLANT PHYSIOLOGY	2017	14	高被引
32	The Tea Tree Genome Provides Insights into Tea Flavor and Independent Evolution of Caffeine Biosynthesis	MOLECULAR PLANT	2017	27	高被引
33	Sperm cells are passive cargo of the pollen tube in plant fertilization	NATURE PLANTS	2017	13	高被引
34	Cytokinin Signaling Activates WUSCHEL Expression during Axillary Meristem Initiation	PLANT CELL	2017	16	高被引
35	Arabidopsis WRKY46，WRKY54，and WRKY70 Transcription Factors Are Involved in Brassinosteroid-Regulated Plant Growth and Drought Responses	PLANT CELL	2017	18	高被引
36	GW5 acts in the brassinosteroid signalling pathway to regulate grain width and weight in rice	NATURE PLANTS	2017	19	高被引
37	Nitrogen use efficiency in crops：lessons from Arabidopsis and rice	JOURNAL OF EXPERIMENTAL BOTANY	2017	12	高被引
38	A Two-Step Model for de Novo Activation of WUSCHEL during Plant Shoot Regeneration	PLANT CELL	2017	27	高被引
39	Natural Variation in the Promoter of GSE5 Contributes to Grain Size Diversity in Rice	MOLECULAR PLANT	2017	19	高被引
40	BZR1 Positively Regulates Freezing Tolerance via CBF-Dependent and CBF-Independent Pathways in Arabidopsis	MOLECULAR PLANT	2017	14	高被引

（续表）

序号	题名	期刊	发表年份	被引频次	备注
41	Rational design of high-yield and superior-quality rice	NATURE PLANTS	2017	17	高被引
42	Receptor Kinases in Plant-Pathogen Interactions：More Than Pattern Recognition	PLANT CELL	2017	37	高被引
43	Tissue-Specific Ubiquitination by IPA1 INTERACTING PROTEIN1 Modulates IPA1 Protein Levels to Regulate Plant Architecture in Rice	PLANT CELL	2017	11	高被引
44	CALCIUM-DEPENDENT PROTEIN KINASE5 Associates with the Truncated NLR Protein TIR-NBS2 to Contribute to exo70B1-Mediated Immunity	PLANT CELL	2017	13	高被引
45	Effects of various blanching methods on weight loss，enzymes inactivation，phytochemical contents，antioxidant capacity，ultrastructure and drying kinetics of red bell pepper（Capsicum annuum L.）	LWT-FOOD SCIENCE AND TECHNOLOGY	2017	15	高被引
46	Evaluation of the APSIM model in cropping systems of Asia	FIELD CROPS RESEARCH	2017	17	高被引
47	Dek35 Encodes a PPR Protein that Affects cis-Splicing of Mitochondrial nad4 Intron 1 and Seed Development in Maize	MOLECULAR PLANT	2017	12	高被引
48	Jasmonates：biosynthesis，metabolism，and signaling by proteins activating and repressing transcription	JOURNAL OF EXPERIMENTAL BOTANY	2017	28	高被引
49	A comprehensive draft genome sequence for lupin（Lupinus angustifolius），an emerging health food：insights into plant-microbe interactions and legume evolution	PLANT BIOTECHNOLOGY JOURNAL	2017	16	高被引
50	Control of secondary cell wall patterning involves xylan deacetylation	NATURE PLANTS	2017	12	高被引
51	Efficient CRISPR/Cas9-based gene knockout in watermelon	PLANT CELL REPORTS	2017	15	高被引

（续表）

序号	题名	期刊	发表年份	被引频次	备注
52	High-efficiency gene targeting in hexaploid wheat using DNA replicons and CRISPR/Cas9	PLANT JOURNAL	2017	38	高被引
53	Food safety pre-warning system based on data mining for a sustainable food supply chain	FOOD CONTROL	2017	15	高被引
54	Effect of molecular weight on the transepithelial transport and peptidase degradation of casein-derived peptides by using Caco-2 cell model	FOOD CHEMISTRY	2017	13	高被引
55	Crop model improvement reduces the uncertainty of the response to temperature of multi-model ensembles	FIELD CROPS RESEARCH	2017	18	高被引
56	An Arabidopsis ABC Transporter Mediates Phosphate Deficiency-Induced Remodeling of Root Architecture by Modulating Iron Homeostasis in Roots	MOLECULAR PLANT	2017	15	高被引
57	A new subfamily classification of the Leguminosae based on a taxonomically comprehensive phylogeny	TAXON	2017	72	高被引/热点
58	AIK1，A Mitogen-Activated Protein Kinase，Modulates Abscisic Acid Responses through the MKK5-MPK6 Kinase Cascade	PLANT PHYSIOLOGY	2017	13	高被引
59	Integrating Omics and Alternative Splicing Reveals Insights into Grape Response to High Temperature	PLANT PHYSIOLOGY	2017	13	高被引
60	Seasonal characteristics and determinants of tree growth in a Chinese subtropical forest	JOURNAL OF PLANT ECOLOGY	2017	10	高被引
61	Positive effects of tree species diversity on litterfall quantity and quality along a secondary successional chronosequence in a subtropical forest	JOURNAL OF PLANT ECOLOGY	2017	12	高被引

（续表）

序号	题名	期刊	发表年份	被引频次	备注
62	A guide to analyzing biodiversity experiments	JOURNAL OF PLANT ECOLOGY	2017	22	高被引
63	On the combined effect of soil fertility and topography on tree growth in subtropical forest ecosystems-a study from SE China	JOURNAL OF PLANT ECOLOGY	2017	20	高被引
64	Positive effects of tree species richness on fine-root production in a subtropical forest in SE-China	JOURNAL OF PLANT ECOLOGY	2017	15	高被引
65	Interspecific and intraspecific variation in specific root length drives aboveground biodiversity effects in young experimental forest stands	JOURNAL OF PLANT ECOLOGY	2017	18	高被引
66	Species and genetic diversity affect leaf litter decomposition in subtropical broadleaved forest in southern China	JOURNAL OF PLANT ECOLOGY	2017	12	高被引
67	Similar below-ground carbon cycling dynamics but contrasting modes of nitrogen cycling between arbuscular mycorrhizal and ectomycorrhizal forests	NEW PHYTOLOGIST	2017	21	高被引
68	OsASR5 enhances drought tolerance through a stomatal closure pathway associated with ABA and H2O2 signalling in rice	PLANT BIOTECHNOLOGY JOURNAL	2017	13	高被引
69	Calibration of Hargreaves model for reference evapotranspiration estimation in Sichuan basin of southwest China	AGRICULTURAL WATER MANAGEMENT	2017	15	高被引
70	Novel metabolic and physiological functions of branched chain amino acids：a review	JOURNAL OF ANIMAL SCIENCE AND BIOTECHNOLOGY	2017	20	高被引
71	Comparative Analysis of Six Lagerstroemia Complete Chloroplast Genomes	FRONTIERS IN PLANT SCIENCE	2017	18	高被引
72	Directly estimating diurnal changes in GPP for C3 and C4 crops using far-red sun-induced chlorophyll fluorescence	AGRICULTURAL AND FOREST METEOROLOGY	2017	20	高被引

（续表）

序号	题名	期刊	发表年份	被引频次	备注
73	A simple aptamer-based fluorescent assay for the detection of Aflatoxin B-1 in infant rice cereal	FOOD CHEMISTRY	2017	16	高被引
74	Overexpression of wheat ferritin gene TaFER-5B enhances tolerance to heat stress and other abiotic stresses associated with the ROS scavenging	BMC PLANT BIOLOGY	2017	13	高被引
75	Gradual expansion of moisture sensitive Abies spectabilis forest in the Trans-Himalayan zone of central Nepal associated with climate change	DENDROCHRONOLOGIA	2017	11	高被引
76	Activation of ethylene signaling pathways enhances disease resistance by regulating ROS and phytoalexin production in rice	PLANT JOURNAL	2017	12	高被引
77	Health benefits of anthocyanins and molecular mechanisms：Update from recent decade	CRITICAL REVIEWS IN FOOD SCIENCE AND NUTRITION	2017	27	高被引
78	Comparative analysis of GF-1，HJ-1，and Landsat-8 data for estimating the leaf area index of winter wheat	JOURNAL OF INTEGRATIVE AGRICULTURE	2017	10	高被引
79	Gametophytic Pollen Tube Guidance：Attractant Peptides，Gametic Controls，and Receptors	PLANT PHYSIOLOGY	2017	17	高被引
80	Food-Grade Covalent Complexes and Their Application as Nutraceutical Delivery Systems：A Review	COMPREHENSIVE REVIEWS IN FOOD SCIENCE AND FOOD SAFETY	2017	17	高被引
81	ROS accumulation and antiviral defence control by microRNA528 in rice	NATURE PLANTS	2017	17	高被引
82	Improving agricultural water productivity to ensure food security in China under changing environment：From research to practice	AGRICULTURAL WATER MANAGEMENT	2017	42	高被引

（续表）

序号	题名	期刊	发表年份	被引频次	备注
83	Responses of yield and WUE of winter wheat to water stress during the past three decades-A case study in the North China Plain	AGRICULTURAL WATER MANAGEMENT	2017	11	高被引
84	Effects of water stress on processing tomatoes yield，quality and water use efficiency with plastic mulched drip irrigation in sandy soil of the Hetao Irrigation District	AGRICULTURAL WATER MANAGEMENT	2017	13	高被引
85	Brassinosteriod Insensitive 2（BIN2）acts as a downstream effector of the Target of Rapamycin（TOR）signaling pathway to regulate photoautotrophic growth in Arabidopsis	NEW PHYTOLOGIST	2017	13	高被引
86	Upscaling evapotranspiration measurements from multi-site to the satellite pixel scale over heterogeneous land surfaces	AGRICULTURAL AND FOREST METEOROLOGY	2016	37	高被引
87	Genome editing of model oleaginous microalgae Nannochloropsis spp. by CRISPR/Cas9	PLANT JOURNAL	2016	30	高被引
88	A community-derived classification for extant lycophytes and ferns	JOURNAL OF SYSTEMATICS AND EVOLUTION	2016	167	高被引/热点
89	Signaling pathways of seed size control in plants	CURRENT OPINION IN PLANT BIOLOGY	2016	30	高被引
90	The cbfs triple mutants reveal the essential functions of CBFs in cold acclimation and allow the definition of CBF regulons in Arabidopsis	NEW PHYTOLOGIST	2016	41	高被引
91	The biological activities，chemical stability，metabolism and delivery systems of quercetin：A review	TRENDS IN FOOD SCIENCE & TECHNOLOGY	2016	49	高被引

（续表）

序号	题名	期刊	发表年份	被引频次	备注
92	Development and validation of KASP assays for genes underpinning key economic traits in bread wheat	THEORETICAL AND APPLIED GENETICS	2016	32	高被引
93	Gene replacements and insertions in rice by intron targeting using CRISPR-Cas9	NATURE PLANTS	2016	41	高被引
94	Overexpression of the repressor gene PvFRI-L from Phyllostachys violascens delays flowering time in transgenic Arabidopsis thaliana	BIOLOGIA PLANTARUM	2016	50	高被引
95	Sustainable hierarchical porous carbon aerogel from cellulose for high-performance supercapacitor and CO2 capture	INDUSTRIAL CROPS AND PRODUCTS	2016	29	高被引
96	Utilization of interfacial engineering to improve physicochemical stability of beta-carotene emulsions：Multilayer coatings formed using protein and protein-polyphenol conjugates	FOOD CHEMISTRY	2016	27	高被引
97	Traditional uses，botany，phytochemistry，pharmacology and toxicology of Panax notoginseng（Burk.）FH Chen：A review	JOURNAL OF ETHNOPHARMACOLOGY	2016	46	高被引
98	Megaphylogenetic Specimen-level Approaches to the Carex（Cyperaceae）Phylogeny Using ITS，ETS，and matK Sequences：Implications for Classification	SYSTEMATIC BOTANY	2016	32	高被引
99	YUCCA-mediated auxin biogenesis is required for cell fate transition occurring during de novo root organogenesis in Arabidopsis	JOURNAL OF EXPERIMENTAL BOTANY	2016	27	高被引
100	Spreading the news：subcellular and organellar reactive oxygen species production and signalling	JOURNAL OF EXPERIMENTAL BOTANY	2016	50	高被引

（续表）

序号	题名	期刊	发表年份	被引频次	备注
101	Insight into the evolution of the Solanaceae from the parental genomes of Petunia hybrida	NATURE PLANTS	2016	51	高被引
102	The rubber tree genome reveals new insights into rubber production and species adaptation	NATURE PLANTS	2016	57	高被引
103	Potential enhancement of direct interspecies electron transfer for syntrophic metabolism of propionate and butyrate with biochar in up-flow anaerobic sludge blanket reactors	BIORESOURCE TECHNOLOGY	2016	48	高被引
104	Drought-responsive WRKY transcription factor genes TaWRKY1 and TaWRKY33 from wheat confer drought and/or heat resistance in Arabidopsis	BMC PLANT BIOLOGY	2016	31	高被引
105	Differential responses of ecosystem respiration components to experimental warming in a meadow grassland on the Tibetan Plateau	AGRICULTURAL AND FOREST METEOROLOGY	2016	26	高被引
106	Comparison of different drying methods on Chinese ginger（Zingiber officinale Roscoe）：Changes in volatiles，chemical profile，antioxidant properties，and microstructure	FOOD CHEMISTRY	2016	31	高被引
107	Construction of a high-density genetic map by specific locus amplified fragment sequencing（SLAF-seq）and its application to Quantitative Trait Loci（QTL）analysis for boll weight in upland cotton（Gossypium hirsutum.）	BMC PLANT BIOLOGY	2016	26	高被引
108	Developing a multispectral imaging for simultaneous prediction of freshness indicators during chemical spoilage of grass carp fish fillet	JOURNAL OF FOOD ENGINEERING	2016	44	高被引

（续表）

序号	题名	期刊	发表年份	被引频次	备注
109	Two bHLH Transcription Factors，bHLH34 and bHLH104，Regulate Iron Homeostasis in Arabidopsis thaliana	PLANT PHYSIOLOGY	2016	30	高被引
110	CRISPR/Cas9：A powerful tool for crop genome editing	CROP JOURNAL	2016	27	高被引
111	Cytochrome P450 promiscuity leads to a bifurcating biosynthetic pathway for tanshinones	NEW PHYTOLOGIST	2016	25	高被引
112	The Complete Chloroplast Genome Sequences of Five Epimedium Species：Lights into Phylogenetic and Taxonomic Analyses	FRONTIERS IN PLANT SCIENCE	2016	29	高被引
113	A global analysis of parenchyma tissue fractions in secondary xylem of seed plants	NEW PHYTOLOGIST	2016	41	高被引
114	Effects of extraction methods and particle size distribution on the structural，physicochemical，and functional properties of dietary fiber from deoiled cumin	FOOD CHEMISTRY	2016	31	高被引
115	Evolutionary patterns of genic DNA methylation vary across land plants	NATURE PLANTS	2016	44	高被引
116	RNAi in Plants：An Argonaute-Centered View	PLANT CELL	2016	36	高被引
117	Bioactive Constituents of Glycyrrhiza uralensis（Licorice）：Discovery of the Effective Components of a Traditional Herbal Medicine	JOURNAL OF NATURAL PRODUCTS	2016	41	高被引
118	OsWRKY74，a WRKY transcription factor，modulates tolerance to phosphate starvation in rice	JOURNAL OF EXPERIMENTAL BOTANY	2016	42	高被引
119	Soy protein isolate-based films reinforced by surface modified cellulose nanocrystal	INDUSTRIAL CROPS AND PRODUCTS	2016	31	高被引

（续表）

序号	题名	期刊	发表年份	被引频次	备注
120	A myo-inositol-1-phosphate synthase gene，IbMIPS1，enhances salt and drought tolerance and stem nematode resistance in transgenic sweet potato	PLANT BIOTECHNOLOGY JOURNAL	2016	32	高被引
121	Land surface phenology of China's temperate ecosystems over 1999——2013：Spatial-temporal patterns，interaction effects，covariation with climate and implications for productivity	AGRICULTURAL AND FOREST METEOROLOGY	2016	28	高被引
122	Ubiquitin-Proteasome System in ABA Signaling：From Perception to Action	MOLECULAR PLANT	2016	27	高被引
123	Two Faces of One Seed：Hormonal Regulation of Dormancy and Germination	MOLECULAR PLANT	2016	65	高被引
124	Control of grain size and rice yield by GL2-mediated brassinosteroid responses	NATURE PLANTS	2016	53	高被引
125	Regulation of OsGRF4 by OsmiR396 controls grain size and yield in rice	NATURE PLANTS	2016	45	高被引
126	Flexibility in the structure of spiral flowers and its underlying mechanisms	NATURE PLANTS	2016	28	高被引
127	Aspartyl Protease-Mediated Cleavage of BAG6 Is Necessary for Autophagy and Fungal Resistance in Plants	PLANT CELL	2016	33	高被引
128	L-Cysteine metabolism and its nutritional implications	MOLECULAR NUTRITION & FOOD RESEARCH	2016	47	高被引
129	Optimization and microbial community analysis of anaerobic co-digestion of food waste and sewage sludge based on microwave pretreatment	BIORESOURCE TECHNOLOGY	2016	55	高被引
130	Biological nitrogen removal from sewage via anammox：Recent advances	BIORESOURCE TECHNOLOGY	2016	82	高被引
131	The role of pretreatment in improving the enzymatic hydrolysis of lignocellulosic materials	BIORESOURCE TECHNOLOGY	2016	114	高被引

（续表）

序号	题名	期刊	发表年份	被引频次	备注
132	Advances in characterisation and biological activities of chitosan and chitosan oligosaccharides	FOOD CHEMISTRY	2016	74	高被引
133	Strigolactone Signaling in Arabidopsis Regulates Shoot Development by Targeting D53-Like SMXL Repressor Proteins for Ubiquitination and Degradation	PLANT CELL	2015	68	高被引
134	Woody biomass production lags stem-girth increase by over one month in coniferous forests	NATURE PLANTS	2015	70	高被引
135	An RLP23-SOBIR1-BAK1 complex mediates NLP-triggered immunity	NATURE PLANTS	2015	67	高被引
136	A Rare Allele of GS2 Enhances Grain Size and Grain Yield in Rice	MOLECULAR PLANT	2015	62	高被引
137	Transcriptional Mechanism of Jasmonate Receptor COI1-Mediated Delay of Flowering Time in Arabidopsis	PLANT CELL	2015	39	高被引
138	Living to Die and Dying to Live：The Survival Strategy behind Leaf Senescence	PLANT PHYSIOLOGY	2015	49	高被引
139	Establishing a CRISPR-Cas-like immune system conferring DNA virus resistance in plants	NATURE PLANTS	2015	78	高被引
140	Making Carex monophyletic（Cyperaceae，tribe Cariceae）：a new broader circumscription	BOTANICAL JOURNAL OF THE LINNEAN SOCIETY	2015	51	高被引
141	The psychology of eating insects：A cross-cultural comparison between Germany and China	FOOD QUALITY AND PREFERENCE	2015	45	高被引
142	Peptide signalling during the pollen tube journey and double fertilization	JOURNAL OF EXPERIMENTAL BOTANY	2015	45	高被引

（续表）

序号	题名	期刊	发表年份	被引频次	备注
143	Redefining fine roots improves understanding of below-ground contributions to terrestrial biosphere processes	NEW PHYTOLOGIST	2015	180	高被引
144	Creation of fragrant rice by targeted knockout of the OsBADH2 gene using TALEN technology	PLANT BIOTECHNOLOGY JOURNAL	2015	56	高被引
145	Thermal and structure analysis on reaction mechanisms during the preparation of activated carbon fibers by KOH activation from liquefied wood-based fibers	INDUSTRIAL CROPS AND PRODUCTS	2015	43	高被引
146	Temporal transcriptome profiling reveals expression partitioning of homeologous genes contributing to heat and drought acclimation in wheat（Triticum aestivum L.）	BMC PLANT BIOLOGY	2015	51	高被引
147	QTL IciMapping：Integrated software for genetic linkage map construction and quantitative trait locus mapping in biparental populations	CROP JOURNAL	2015	132	高被引
148	Regulation of Jasmonate-Mediated Stamen Development and Seed Production by a bHLH-MYB Complex in Arabidopsis	PLANT CELL	2015	42	高被引
149	Regulation of Jasmonate-Induced Leaf Senescence by Antagonism between bHLH Subgroup IIIe and IIId Factors in Arabidopsis	PLANT CELL	2015	40	高被引
150	Endocytosis and its regulation in plants	TRENDS IN PLANT SCIENCE	2015	40	高被引
151	Full-length transcriptome sequences and splice variants obtained by a combination of sequencing platforms applied to different root tissues of Salvia miltiorrhiza and tanshinone biosynthesis	PLANT JOURNAL	2015	62	高被引
152	Legume Crops Phylogeny and Genetic Diversity for Science and Breeding	CRITICAL REVIEWS IN PLANT SCIENCES	2015	55	高被引

（续表）

序号	题名	期刊	发表年份	被引频次	备注
153	Improving winter wheat yield estimation by assimilation of the leaf area index from Landsat TM and MODIS data into the WOFOST model	AGRICULTURAL AND FOREST METEOROLOGY	2015	48	高被引
154	Arabidopsis CALCIUM-DEPENDENT PROTEIN KINASE8 and CATALASE3 Function in Abscisic Acid-Mediated Signaling and H2O2 Homeostasis in Stomatal Guard Cells under Drought Stress	PLANT CELL	2015	56	高被引
155	Biogeography of Fusarium graminearum species complex and chemotypes：a review	FOOD ADDITIVES AND CONTAMINANTS PART A-CHEMISTRY ANALYSIS CONTROL EXPOSURE & RISK ASSESSMENT	2015	44	高被引
156	S-Nitrosylation Positively Regulates Ascorbate Peroxidase Activity during Plant Stress Responses	PLANT PHYSIOLOGY	2015	56	高被引
157	Loci and candidate gene identification for resistance to Sclerotinia sclerotiorum in soybean（Glycine max L. Merr.）via association and linkage maps	PLANT JOURNAL	2015	41	高被引
158	Molecular genetics of blood-fleshed peach reveals activation of anthocyanin biosynthesis by NAC transcription factors	PLANT JOURNAL	2015	61	高被引
159	Improving intercropping：a synthesis of research in agronomy，plant physiology and ecology	NEW PHYTOLOGIST	2015	103	高被引
160	Aptamer-based fluorescence biosensor for chloramphenicol determination using upconversion nanoparticles	FOOD CONTROL	2015	65	高被引
161	Effects of light quality on the accumulation of phytochemicals in vegetables produced in controlled environments：a review	JOURNAL OF THE SCIENCE OF FOOD AND AGRICULTURE	2015	50	高被引

（续表）

序号	题名	期刊	发表年份	被引频次	备注
162	Essential oil and aromatic plants as feed additives in non-ruminant nutrition：a review	JOURNAL OF ANIMAL SCIENCE AND BIOTECHNOLOGY	2015	48	高被引
163	Multiresidue analysis of over 200 pesticides in cereals using a QuEChERS and gas chromatography-tandem mass spectrometry-based method	FOOD CHEMISTRY	2015	57	高被引
164	XA23 Is an Executor R Protein and Confers Broad-Spectrum Disease Resistance in Rice	MOLECULAR PLANT	2015	53	高被引
165	Roles of melatonin in abiotic stress resistance in plants	JOURNAL OF EXPERIMENTAL BOTANY	2015	108	高被引
166	Comparative physiological，metabolomic，and transcriptomic analyses reveal mechanisms of improved abiotic stress resistance in bermudagrass [Cynodon dactylon（L）. Pers.] by exogenous melatonin	JOURNAL OF EXPERIMENTAL BOTANY	2015	99	高被引
167	Melatonin enhances plant growth and abiotic stress tolerance in soybean plants	JOURNAL OF EXPERIMENTAL BOTANY	2015	84	高被引
168	The response of Chlamydomonas reinhardtii to nitrogen deprivation：a systems biology analysis	PLANT JOURNAL	2015	41	高被引
169	The Regulation of Photosynthetic Structure and Function during Nitrogen Deprivation in Chlamydomonas reinhardtii	PLANT PHYSIOLOGY	2015	41	高被引
170	Traditional usages，botany，phytochemistry，pharmacology and toxicology of Polygonum multiflorum Thunb.：A review	JOURNAL OF ETHNOPHARMACOLOGY	2015	69	高被引

（续表）

序号	题名	期刊	发表年份	被引频次	备注
171	Immunochemical and molecular characteristics of monoclonal antibodies against organophosphorus pesticides and effect of hapten structures on immunoassay selectivity	FOOD AND AGRICULTURAL IMMUNOLOGY	2015	48	高被引
172	Identification of Viruses and Viroids by Next-Generation Sequencing and Homology-Dependent and Homology-Independent Algorithms	ANNUAL REVIEW OF PHYTOPATHOLOGY，VOL 53	2015	46	高被引
173	Quantitative Resistance to Biotrophic Filamentous Plant Pathogens：Concepts，Misconceptions，and Mechanisms	ANNUAL REVIEW OF PHYTOPATHOLOGY，VOL 53	2015	43	高被引
174	The Structure of Photosystem II and the Mechanism of Water Oxidation in Photosynthesis	ANNUAL REVIEW OF PLANT BIOLOGY，VOL 66	2015	134	高被引
175	Cold Signal Transduction and its Interplay with Phytohormones During Cold Acclimation	PLANT AND CELL PHYSIOLOGY	2015	67	高被引
176	Growing duckweed for biofuel production：a review	PLANT BIOLOGY	2015	39	高被引
177	The receptor kinase CERK1 has dual functions in symbiosis and immunity signalling	PLANT JOURNAL	2015	69	高被引
178	Biochar supported nanoscale zerovalent iron composite used as persulfate activator for removing trichloroethylene	BIORESOURCE TECHNOLOGY	2015	91	高被引
179	Salinity tolerance in soybean is modulated by natural variation in GmSALT3	PLANT JOURNAL	2014	57	高被引
180	Characterization of stress-responsive lncRNAs in Arabidopsis thaliana by integrating expression，epigenetic and structural features	PLANT JOURNAL	2014	56	高被引

（续表）

序号	题名	期刊	发表年份	被引频次	备注
181	Change of pH during excess sludge fermentation under alkaline，acidic and neutral conditions	BIORESOURCE TECHNOLOGY	2014	168	高被引
182	A CRISPR/Cas9 toolkit for multiplex genome editing in plants	BMC PLANT BIOLOGY	2014	163	高被引
183	Brassinosteroid Regulates Cell Elongation by Modulating Gibberellin Metabolism in Rice	PLANT CELL	2014	67	高被引
184	Beyond repression of photomorphogenesis：role switching of COP/DET/FUS in light signaling	CURRENT OPINION IN PLANT BIOLOGY	2014	56	高被引
185	Jasmonate signaling and crosstalk with gibberellin and ethylene	CURRENT OPINION IN PLANT BIOLOGY	2014	59	高被引
186	Exploring genetic variation in the tomato（Solanum section Lycopersicon）clade by whole-genome sequencing	PLANT JOURNAL	2014	97	高被引
187	Saponins in the genus Panax L.（Araliaceae）：A systematic review of their chemical diversity	PHYTOCHEMISTRY	2014	66	高被引
188	Dynamic Transcriptome Landscape of Maize Embryo and Endosperm Development	PLANT PHYSIOLOGY	2014	68	高被引
189	Genome-wide identification and functional prediction of novel and drought-responsive lincRNAs in Populus trichocarpa	JOURNAL OF EXPERIMENTAL BOTANY	2014	75	高被引
190	Berry ripening：recently heard through the grapevine	JOURNAL OF EXPERIMENTAL BOTANY	2014	80	高被引

（续表）

序号	题名	期刊	发表年份	被引频次	备注
191	Principles，developments and applications of computer vision for external quality inspection of fruits and vegetables：A review	FOOD RESEARCH INTERNATIONAL	2014	84	高被引
192	Effects of ultrasound on the structure and physical properties of black bean protein isolates	FOOD RESEARCH INTERNATIONAL	2014	68	高被引
193	Leading dimensions in absorptive root trait variation across 96 subtropical forest species	NEW PHYTOLOGIST	2014	81	高被引
194	Soy proteins：A review on composition，aggregation and emulsification	FOOD HYDROCOLLOIDS	2014	146	高被引
195	Global comparison of light use efficiency models for simulating terrestrial vegetation gross primary production based on the La Thuile database	AGRICULTURAL AND FOREST METEOROLOGY	2014	57	高被引
196	QTL-seq identifies an early flowering QTL located near Flowering Locus T in cucumber	THEORETICAL AND APPLIED GENETICS	2014	55	高被引
197	Testing predictions of the Janzen-Connell hypothesis：a meta-analysis of experimental evidence for distance-and density-dependent seed and seedling survival	JOURNAL OF ECOLOGY	2014	138	高被引
198	Plant diversity and overyielding：insights from belowground facilitation of intercropping in agriculture	NEW PHYTOLOGIST	2014	76	高被引
199	Wheat stripe（yellow）rust caused by Puccinia striiformis f. sp.tritici	MOLECULAR PLANT PATHOLOGY	2014	72	高被引
200	The impact of climate change and anthropogenic activities on alpine grassland over the Qinghai-Tibet Plateau	AGRICULTURAL AND FOREST METEOROLOGY	2014	103	高被引

（续表）

序号	题名	期刊	发表年份	被引频次	备注
201	Increasing altitudinal gradient of spring vegetation phenology during the last decade on the Qinghai-Tibetan Plateau	AGRICULTURAL AND FOREST METEOROLOGY	2014	91	高被引
202	Biochar enhances yield and quality of tomato under reduced irrigation	AGRICULTURAL WATER MANAGEMENT	2014	63	高被引
203	mRNA and Small RNA Transcriptomes Reveal Insights into Dynamic Homoeolog Regulation of Allopolyploid Heterosis in Nascent Hexaploid Wheat	PLANT CELL	2014	91	高被引
204	The Stem Cell Niche in Leaf Axils Is Established by Auxin and Cytokinin in Arabidopsis	PLANT CELL	2014	67	高被引
205	Chitosan-based biosorbents：Modification and application for biosorption of heavy metals and radionuclides	BIORESOURCE TECHNOLOGY	2014	156	高被引
206	Surface-Enhanced Raman Spectroscopy for the Chemical Analysis of Food	COMPREHENSIVE REVIEWS IN FOOD SCIENCE AND FOOD SAFETY	2014	99	高被引
207	The ERF transcription factor TaERF3 promotes tolerance to salt and drought stresses in wheat	PLANT BIOTECHNOLOGY JOURNAL	2014	65	高被引
208	Choreography of Transcriptomes and Lipidomes of Nannochloropsis Reveals the Mechanisms of Oil Synthesis in Microalgae	PLANT CELL	2014	111	高被引
209	Protein-Based Pickering Emulsion and Oil Gel Prepared by Complexes of Zein Colloidal Particles and Stearate	JOURNAL OF AGRICULTURAL AND FOOD CHEMISTRY	2014	53	高被引
210	A High-Density SNP Genotyping Array for Rice Biology and Molecular Breeding	MOLECULAR PLANT	2014	68	高被引

（续表）

序号	题名	期刊	发表年份	被引频次	备注
211	Global Dissection of Alternative Splicing in Paleopolyploid Soybean	PLANT CELL	2014	67	高被引
212	Arabidopsis DELLA and JAZ Proteins Bind the WD-Repeat/bHLH/MYB Complex to Modulate Gibberellin and Jasmonate Signaling Synergy	PLANT CELL	2014	65	高被引
213	Inhibition of the Arabidopsis Salt Overly Sensitive Pathway by 14-3-3 Proteins	PLANT CELL	2014	58	高被引
214	Simultaneous determination of aflatoxin M-1，ochratoxin A，zearalenone and alpha-zearalenol in milk by UHPLC-MS/MS	FOOD CHEMISTRY	2014	64	高被引
215	Development of an antioxidant system after early weaning in piglets	JOURNAL OF ANIMAL SCIENCE	2014	67	高被引
216	Multiple Rice MicroRNAs Are Involved in Immunity against the Blast Fungus Magnaporthe oryzae	PLANT PHYSIOLOGY	2014	78	高被引
217	Novel Insights into Rice Innate Immunity Against Bacterial and Fungal Pathogens	ANNUAL REVIEW OF PHYTOPATHOLOGY，VOL 52	2014	78	高被引
218	A chemical genetic approach demonstrates that MPK3/MPK6 activation and NADPH oxidase-mediated oxidative burst are two independent signaling events in plant immunity	PLANT JOURNAL	2014	62	高被引
219	Interaction between MYC2 and ETHYLENE INSENSITIVE3 Modulates Antagonism between Jasmonate and Ethylene Signaling in Arabidopsis	PLANT CELL	2014	95	高被引
220	Total phenolic contents and antioxidant capacities of 51 edible and wild flowers	JOURNAL OF FUNCTIONAL FOODS	2014	60	高被引
221	Regulation of Drought Tolerance by the F-Box Protein MAX2 in Arabidopsis（1[C][W][OPEN]）	PLANT PHYSIOLOGY	2014	70	高被引

（续表）

序号	题名	期刊	发表年份	被引频次	备注
222	Contributions of cultivars，management and climate change to winter wheat yield in the North China Plain in the past three decades	EUROPEAN JOURNAL OF AGRONOMY	2014	56	高被引
223	Hyperspectral canopy sensing of paddy rice aboveground biomass at different growth stages	FIELD CROPS RESEARCH	2014	64	高被引
224	Genome triplication drove the diversification of Brassica plants	HORTICULTURE RESEARCH	2014	60	高被引
225	OsbZIP71，a bZIP transcription factor，confers salinity and drought tolerance in rice	PLANT MOLECULAR BIOLOGY	2014	65	高被引
226	Overexpression of microRNA319 impacts leaf morphogenesis and leads to enhanced cold tolerance in rice（Oryza sativa L.）	PLANT CELL AND ENVIRONMENT	2013	80	高被引
227	The Arabidopsis NAC Transcription Factor ANAC096 Cooperates with bZIP-Type Transcription Factors in Dehydration and Osmotic Stress Responses	PLANT CELL	2013	74	高被引
228	Natural Variation in OsPRR37 Regulates Heading Date and Contributes to Rice Cultivation at a Wide Range of Latitudes	MOLECULAR PLANT	2013	77	高被引
229	The critical soil P levels for crop yield，soil fertility and environmental safety in different soil types	PLANT AND SOIL	2013	69	高被引
230	Quantitative trait loci of stripe rust resistance in wheat	THEORETICAL AND APPLIED GENETICS	2013	71	高被引
231	Construction of a high-density genetic map for sesame based on large scale marker development by specific length amplified fragment（SLAF）sequencing	BMC PLANT BIOLOGY	2013	83	高被引
232	Molecular Networking as a Dereplication Strategy	JOURNAL OF NATURAL PRODUCTS	2013	152	高被引

（续表）

序号	题名	期刊	发表年份	被引频次	备注
233	ETHYLENE-INSENSITIVE3 Is a Senescence-Associated Gene That Accelerates Age-Dependent Leaf Senescence by Directly Repressing miR164 Transcription in Arabidopsis	PLANT CELL	2013	100	高被引
234	The Ubiquitin Receptor DA1 Interacts with the E3 Ubiquitin Ligase DA2 to Regulate Seed and Organ Size in Arabidopsis	PLANT CELL	2013	72	高被引
235	Geological and ecological factors drive cryptic speciation of yews in a biodiversity hotspot	NEW PHYTOLOGIST	2013	75	高被引
236	Consumers’ attitudes and behaviour towards safe food in China：A review	FOOD CONTROL	2013	81	高被引
237	Jasmonate Regulates the INDUCER OF CBF EXPRESSION-C-REPEAT BINDING FACTOR/DRE BINDING FACTOR1 Cascade and Freezing Tolerance in Arabidopsis	PLANT CELL	2013	151	高被引
238	A meta-analysis of experimental warming effects on terrestrial nitrogen pools and dynamics	NEW PHYTOLOGIST	2013	108	高被引
239	Arabidopsis transcription factor WRKY8 functions antagonistically with its interacting partner VQ9 to modulate salinity stress tolerance	PLANT JOURNAL	2013	74	高被引
240	The effects of mulching on maize growth，yield and water use in a semi-arid region	AGRICULTURAL WATER MANAGEMENT	2013	76	高被引
241	Deciphering the Diploid Ancestral Genome of the Mesohexaploid Brassica rapa	PLANT CELL	2013	153	高被引

（续表）

序号	题名	期刊	发表年份	被引频次	备注
242	Antagonistic Basic Helix-Loop-Helix/bZIP Transcription Factors Form Transcriptional Modules That Integrate Light and Reactive Oxygen Species Signaling in Arabidopsis	PLANT CELL	2013	69	高被引
243	A Transcriptomic Network Underlies Microstructural and Physiological Responses to Cadmium in Populus x canescens（1[C][W]）	PLANT PHYSIOLOGY	2013	69	高被引
244	GmNFYA3，a target gene of miR169，is a positive regulator of plant tolerance to drought stress	PLANT MOLECULAR BIOLOGY	2013	83	高被引
245	Competition between roots and microorganisms for nitrogen：mechanisms and ecological relevance	NEW PHYTOLOGIST	2013	224	高被引
246	Millet Grains：Nutritional Quality，Processing，and Potential Health Benefits	COMPREHENSIVE REVIEWS IN FOOD SCIENCE AND FOOD SAFETY	2013	83	高被引
247	A comparative study for the quantitative determination of soluble solids content，pH and firmness of pears by Vis/NIR spectroscopy	JOURNAL OF FOOD ENGINEERING	2013	68	高被引
248	Preparation and properties of lignin-phenol-formaldehyde resins based on different biorefinery residues of agricultural biomass	INDUSTRIAL CROPS AND PRODUCTS	2013	79	高被引
249	Autophagy Contributes to Leaf Starch Degradation	PLANT CELL	2013	79	高被引
250	The Plant Vascular System：Evolution，Development and Functions	JOURNAL OF INTEGRATIVE PLANT BIOLOGY	2013	179	高被引
251	Lipid transfer protein 3 as a target of MYB96 mediates freezing and drought stress in Arabidopsis	JOURNAL OF EXPERIMENTAL BOTANY	2013	81	高被引

（续表）

序号	题名	期刊	发表年份	被引频次	备注
252	Widespread Long Noncoding RNAs as Endogenous Target Mimics for MicroRNAs in Plants	PLANT PHYSIOLOGY	2013	112	高被引
253	Heterotrimeric G Proteins Serve as a Converging Point in Plant Defense Signaling Activated by Multiple Receptor-Like Kinases	PLANT PHYSIOLOGY	2013	83	高被引
254	BR-SIGNALING KINASE1 Physically Associates with FLAGELLIN SENSING2 and Regulates Plant Innate Immunity in Arabidopsis	PLANT CELL	2013	93	高被引
255	Understanding production potentials and yield gaps in intensive maize production in China	FIELD CROPS RESEARCH	2013	76	高被引
256	Requirement and Functional Redundancy of Ib Subgroup bHLH Proteins for Iron Deficiency Responses and Uptake in Arabidopsis thaliana	MOLECULAR PLANT	2013	83	高被引
257	Constitutive Expression of a miR319 Gene Alters Plant Development and Enhances Salt and Drought Tolerance in Transgenic Creeping Bentgrass	PLANT PHYSIOLOGY	2013	103	高被引
258	Maximizing root/rhizosphere efficiency to improve crop productivity and nutrient use efficiency in intensive agriculture of China	JOURNAL OF EXPERIMENTAL BOTANY	2013	74	高被引
259	The roles of selenium in protecting plants against abiotic stresses	ENVIRONMENTAL AND EXPERIMENTAL BOTANY	2013	157	高被引
260	Unmasking the structural features and property of lignin from bamboo	INDUSTRIAL CROPS AND PRODUCTS	2013	76	高被引
261	Quantitative Structures and Thermal Properties of Birch Lignins after Ionic Liquid Pretreatment	JOURNAL OF AGRICULTURAL AND FOOD CHEMISTRY	2013	67	高被引

（续表）

序号	题名	期刊	发表年份	被引频次	备注
262	Potassium Transport and Signaling in Higher Plants	ANNUAL REVIEW OF PLANT BIOLOGY，VOL 64	2013	143	高被引
263	Intracellular Signaling from Plastid to Nucleus	ANNUAL REVIEW OF PLANT BIOLOGY，VOL 64	2013	101	高被引
264	Protein Oxidation：Basic Principles and Implications for Meat Quality	CRITICAL REVIEWS IN FOOD SCIENCE AND NUTRITION	2013	91	高被引
265	Antioxidant activity of Lactobacillus plantarum strains isolated from traditional Chinese fermented foods	FOOD CHEMISTRY	2012	95	高被引
266	The Magnaporthe oryzae Effector AvrPiz-t Targets the RING E3 Ubiquitin Ligase APIP6 to Suppress Pathogen-Associated Molecular Pattern-Triggered Immunity in Rice	PLANT CELL	2012	135	高被引
267	Effect of kapok fiber treated with various solvents on oil absorbency	INDUSTRIAL CROPS AND PRODUCTS	2012	97	高被引
268	Changes of quality of high hydrostatic pressure processed cloudy and clear strawberry juices during storage	INNOVATIVE FOOD SCIENCE & EMERGING TECHNOLOGIES	2012	85	高被引
269	Multi-residue method for determination of seven neonicotinoid insecticides in grains using dispersive solid-phase extraction and dispersive liquid-liquid micro-extraction by high performance liquid chromatography	FOOD CHEMISTRY	2012	77	高被引
270	Highly conserved low-copy nuclear genes as effective markers for phylogenetic analyses in angiosperms	NEW PHYTOLOGIST	2012	90	高被引

（续表）

序号	题名	期刊	发表年份	被引频次	备注
271	Complex microbiota of a Chinese "Fen" liquor fermentation starter（Fen-Daqu），revealed by culture-dependent and culture-independent methods	FOOD MICROBIOLOGY	2012	78	高被引
272	Gibberellin Regulates the Arabidopsis Floral Transition through miR156-Targeted SQUAMOSA PROMOTER BINDING-LIKE Transcription Factors	PLANT CELL	2012	142	高被引
273	Effects of pyrolysis temperature on soybean stover-and peanut shell-derived biochar properties and TCE adsorption in water	BIORESOURCE TECHNOLOGY	2012	279	高被引
274	Plant-bacterial pathogen interactions mediated by type III effectors	CURRENT OPINION IN PLANT BIOLOGY	2012	107	高被引
275	Microbial community structures in different wastewater treatment plants as revealed by 454-pyrosequencing analysis	BIORESOURCE TECHNOLOGY	2012	201	高被引
276	Genome-wide analysis of the MYB transcription factor superfamily in soybean	BMC PLANT BIOLOGY	2012	112	高被引
277	The Arabidopsis Mediator Subunit MED25 Differentially Regulates Jasmonate and Abscisic Acid Signaling through Interacting with the MYC2 and ABI5 Transcription Factors	PLANT CELL	2012	113	高被引
278	A Plasma Membrane Receptor Kinase，GHR1，Mediates Abscisic Acid-and Hydrogen Peroxide-Regulated Stomatal Movement in Arabidopsis	PLANT CELL	2012	112	高被引
279	Ethylene Signaling Negatively Regulates Freezing Tolerance by Repressing Expression of CBF and Type-A ARR Genes in Arabidopsis	PLANT CELL	2012	170	高被引
280	Wheat WRKY genes TaWRKY2 and TaWRKY19 regulate abiotic stress tolerance in transgenic Arabidopsis plants	PLANT CELL AND ENVIRONMENT	2012	136	高被引

（续表）

序号	题名	期刊	发表年份	被引频次	备注
281	DEXH Box RNA Helicase-Mediated Mitochondrial Reactive Oxygen Species Production in Arabidopsis Mediates Crosstalk between Abscisic Acid and Auxin Signaling	PLANT CELL	2012	98	高被引
282	The MEKK1-MKK1/MKK2-MPK4 Kinase Cascade Negatively Regulates Immunity Mediated by a Mitogen-Activated Protein Kinase Kinase Kinase in Arabidopsis	PLANT CELL	2012	92	高被引
283	TaNAC2，a NAC-type wheat transcription factor conferring enhanced multiple abiotic stress tolerances in Arabidopsis	JOURNAL OF EXPERIMENTAL BOTANY	2012	114	高被引
284	Highly Effective Adsorption of Heavy Metal Ions from Aqueous Solutions by Macroporous Xylan-Rich Hemicelluloses-Based Hydrogel	JOURNAL OF AGRICULTURAL AND FOOD CHEMISTRY	2012	98	高被引
285	Occurrence，fate，and ecotoxicity of antibiotics in agro-ecosystems. A review	AGRONOMY FOR SUSTAINABLE DEVELOPMENT	2012	88	高被引
286	A R2R3-type MYB gene，OsMYB2，is involved in salt，cold，and dehydration tolerance in rice	JOURNAL OF EXPERIMENTAL BOTANY	2012	197	高被引
287	Arabidopsis WRKY46 coordinates with WRKY70 and WRKY53 in basal resistance against pathogen Pseudomonas syringae	PLANT SCIENCE	2012	88	高被引
288	Genome-Wide Analysis of DNA Methylation and Gene Expression Changes in Two Arabidopsis Ecotypes and Their Reciprocal Hybrids	PLANT CELL	2012	139	高被引
289	The Jasmonate-Responsive AP2/ERF Transcription Factors AaERF1 and AaERF2 Positively Regulate Artemisinin Biosynthesis in Artemisia annua L.	MOLECULAR PLANT	2012	122	高被引

（续表）

序号	题名	期刊	发表年份	被引频次	备注
290	Roles of DCL4 and DCL3b in rice phased small RNA biogenesis	PLANT JOURNAL	2012	119	高被引
291	Improving crop productivity and resource use efficiency to ensure food security and environmental quality in China	JOURNAL OF EXPERIMENTAL BOTANY	2012	150	高被引
292	Nitric Oxide and Protein S-Nitrosylation Are Integral to Hydrogen Peroxide-Induced Leaf Cell Death in Rice	PLANT PHYSIOLOGY	2012	128	高被引
293	Altitude and temperature dependence of change in the spring vegetation green-up date from 1982 to 2006 in the Qinghai-Xizang Plateau	AGRICULTURAL AND FOREST METEOROLOGY	2011	145	高被引
294	Influences of temperature and precipitation before the growing season on spring phenology in grasslands of the central and eastern Qinghai-Tibetan Plateau	AGRICULTURAL AND FOREST METEOROLOGY	2011	128	高被引
295	Integrated soil and plant phosphorus management for crop and environment in China. A review	PLANT AND SOIL	2011	91	高被引
296	Managing agricultural phosphorus for water quality protection：principles for progress	PLANT AND SOIL	2011	93	高被引
297	A Small-Molecule Screen Identifies L-Kynurenine as a Competitive Inhibitor of TAA1/TAR Activity in Ethylene-Directed Auxin Biosynthesis and Root Growth in Arabidopsis	PLANT CELL	2011	112	高被引
298	The Arabidopsis YUCCA1 Flavin Monooxygenase Functions in the Indole-3-Pyruvic Acid Branch of Auxin Biosynthesis	PLANT CELL	2011	149	高被引
299	In vitro antimicrobial effects and mechanism of action of selected plant essential oil combinations against four food-related microorganisms	FOOD RESEARCH INTERNATIONAL	2011	147	高被引

（续表）

序号	题名	期刊	发表年份	被引频次	备注
300	BRAD，the genetics and genomics database for Brassica plants	BMC PLANT BIOLOGY	2011	221	高被引
301	Characterization of Lignin Structures and Lignin-Carbohydrate Complex（LCC）Linkages by Quantitative C-13 and 2D HSQC NMR Spectroscopy	JOURNAL OF AGRICULTURAL AND FOOD CHEMISTRY	2011	155	高被引
302	AGAMOUS Terminates Floral Stem Cell Maintenance in Arabidopsis by Directly Repressing WUSCHEL through Recruitment of Polycomb Group Proteins	PLANT CELL	2011	112	高被引
303	Strigolactone Biosynthesis in Medicago truncatula and Rice Requires the Symbiotic GRAS-Type Transcription Factors NSP1 and NSP2	PLANT CELL	2011	129	高被引
304	Soybean NAC transcription factors promote abiotic stress tolerance and lateral root formation in transgenic plants	PLANT JOURNAL	2011	145	高被引
305	Recent progress in electrodes for microbial fuel cells	BIORESOURCE TECHNOLOGY	2011	315	高被引
306	The Basic Helix-Loop-Helix Transcription Factor MYC2 Directly Represses PLETHORA Expression during Jasmonate-Mediated Modulation of the Root Stem Cell Niche in Arabidopsis	PLANT CELL	2011	133	高被引
307	Achievements and Challenges in Understanding Plant Abiotic Stress Responses and Tolerance	PLANT AND CELL PHYSIOLOGY	2011	190	高被引
308	Abscisic Acid Plays an Important Role in the Regulation of Strawberry Fruit Ripening	PLANT PHYSIOLOGY	2011	203	高被引
309	Physiological mechanisms underlying OsNAC5-dependent tolerance of rice plants to abiotic stress	PLANTA	2011	112	高被引

（续表）

序号	题名	期刊	发表年份	被引频次	备注
310	Genome-wide characterization of new and drought stress responsive microRNAs in Populus euphratica	JOURNAL OF EXPERIMENTAL BOTANY	2011	142	高被引
311	Functions and Application of the AP2/ERF Transcription Factor Family in Crop Improvement	JOURNAL OF INTEGRATIVE PLANT BIOLOGY	2011	147	高被引
312	Phosphorus Dynamics：From Soil to Plant	PLANT PHYSIOLOGY	2011	286	高被引
313	Arabidopsis thaliana WRKY25，WRKY26，and WRKY33 coordinate induction of plant thermotolerance	PLANTA	2011	135	高被引
314	The Jasmonate-ZIM-Domain Proteins Interact with the WD-Repeat/bHLH/MYB Complexes to Regulate Jasmonate-Mediated Anthocyanin Accumulation and Trichome Initiation in Arabidopsis thaliana	PLANT CELL	2011	274	高被引
315	T-2 Toxin，a Trichothecene Mycotoxin：Review of Toxicity，Metabolism，and Analytical Methods	JOURNAL OF AGRICULTURAL AND FOOD CHEMISTRY	2011	97	高被引
316	Impacts of land use and plant characteristics on dried soil layers in different climatic regions on the Loess Plateau of China	AGRICULTURAL AND FOREST METEOROLOGY	2011	112	高被引
317	Long-term experiments for sustainable nutrient management in China. A review	AGRONOMY FOR SUSTAINABLE DEVELOPMENT	2011	115	高被引
318	Drought-induced site-specific DNA methylation and its association with drought tolerance in rice（Oryza sativa L.）	JOURNAL OF EXPERIMENTAL BOTANY	2011	136	高被引
319	Grassland responses to grazing：effects of grazing intensity and management system in an Inner Mongolian steppe ecosystem	PLANT AND SOIL	2011	112	高被引

（续表）

序号	题名	期刊	发表年份	被引频次	备注
320	Association Mapping for Enhancing Maize（Zea mays L.）Genetic Improvement	CROP SCIENCE	2011	155	高被引
321	Effect of sodium alginate-based edible coating containing different anti-oxidants on quality and shelf life of refrigerated bream（Megalobrama amblycephala）	FOOD CONTROL	2011	138	高被引
322	The bHLH Transcription Factor MYC3 Interacts with the Jasmonate ZIM-Domain Proteins to Mediate Jasmonate Response in Arabidopsis	MOLECULAR PLANT	2011	117	高被引
323	The Jasmonate-ZIM Domain Proteins Interact with the R2R3-MYB Transcription Factors MYB21 and MYB24 to Affect Jasmonate-Regulated Stamen Development in Arabidopsis	PLANT CELL	2011	144	高被引
324	A linear sequence of extant families and genera of lycophytes and ferns	PHYTOTAXA	2011	239	高被引
325	Genome-wide mapping of the HY5-mediated genenetworks in Arabidopsis that involve both transcriptional and post-transcriptional regulation	PLANT JOURNAL	2011	110	高被引
326	The forms of alkalis in the biochar produced from crop residues at different temperatures	BIORESOURCE TECHNOLOGY	2011	452	高被引
327	Identification of miRNAs and their target genes in developing soybean seeds by deep sequencing	BMC PLANT BIOLOGY	2011	167	高被引
328	The identification of aluminium-resistance genes provides opportunities for enhancing crop production on acid soils	JOURNAL OF EXPERIMENTAL BOTANY	2011	150	高被引
329	Distinct seasonal assemblages of arbuscular mycorrhizal fungi revealed by massively parallel pyrosequencing	NEW PHYTOLOGIST	2011	169	高被引

（续表）

序号	题名	期刊	发表年份	被引频次	备注
330	Involvement of miR169 in the nitrogen-starvation responses in Arabidopsis	NEW PHYTOLOGIST	2011	142	高被引
331	Identification and development of a functional marker of TaGW2 associated with grain weight in bread wheat（Triticum aestivum L.）	THEORETICAL AND APPLIED GENETICS	2011	121	高被引
332	The top 100 questions of importance to the future of global agriculture	INTERNATIONAL JOURNAL OF AGRICULTURAL SUSTAINABILITY	2010	179	高被引
333	Improving functional value of meat products	MEAT SCIENCE	2010	165	高被引
334	Hydrogen Peroxide-Mediated Activation of MAP Kinase 6 Modulates Nitric Oxide Biosynthesis and Signal Transduction in Arabidopsis	PLANT CELL	2010	156	高被引
335	ABO3，a WRKY transcription factor，mediates plant responses to abscisic acid and drought tolerance in Arabidopsis	PLANT JOURNAL	2010	184	高被引
336	DTH8 Suppresses Flowering in Rice，Influencing Plant Height and Yield Potential Simultaneously	PLANT PHYSIOLOGY	2010	202	高被引
337	Improving nitrogen fertilization in rice by site-specific N management. A review	AGRONOMY FOR SUSTAINABLE DEVELOPMENT	2010	143	高被引
338	Effects of different nitrogen and phosphorus concentrations on the growth，nutrient uptake，and lipid accumulation of a freshwater microalga Scenedesmus sp.	BIORESOURCE TECHNOLOGY	2010	376	高被引
339	Ethylene-Induced Stabilization of ETHYLENE INSENSITIVE3 and EIN3-LIKE1 Is Mediated by Proteasomal Degradation of EIN3 Binding F-Box 1 and 2 That Requires EIN2 in Arabidopsis	PLANT CELL	2010	181	高被引

（续表）

序号	题名	期刊	发表年份	被引频次	备注
340	Prevalence and characterization of Salmonella serovars in retail meats of marketplace in Shaanxi，China	INTERNATIONAL JOURNAL OF FOOD MICROBIOLOGY	2010	131	高被引
341	Diverse set of microRNAs are responsive to powdery mildew infection and heat stress in wheat（Triticum aestivum L.）	BMC PLANT BIOLOGY	2010	199	高被引
342	Sugar signals and molecular networks controlling plant growth	CURRENT OPINION IN PLANT BIOLOGY	2010	228	高被引
343	Megabase Level Sequencing Reveals Contrasted Organization and Evolution Patterns of the Wheat Gene and Transposable Element Spaces	PLANT CELL	2010	170	高被引
344	The Mg-Chelatase H Subunit of Arabidopsis Antagonizes a Group of WRKY Transcription Repressors to Relieve ABA-Responsive Genes of Inhibition	PLANT CELL	2010	223	高被引
345	MicroRNA395 mediates regulation of sulfate accumulation and allocation in Arabidopsis thaliana	PLANT JOURNAL	2010	138	高被引
346	Genetic diversity in farm animals-a review	ANIMAL GENETICS	2010	169	高被引
347	The Arabidopsis Nitrate Transporter NRT1.8 Functions in Nitrate Removal from the Xylem Sap and Mediates Cadmium Tolerance	PLANT CELL	2010	145	高被引
348	Receptor-like kinase OsSIK1 improves drought and salt stress tolerance in rice（Oryza sativa）plants	PLANT JOURNAL	2010	132	高被引
349	Identification of MicroRNAs Involved in Pathogen-Associated Molecular Pattern-Triggered Plant Innate Immunity	PLANT PHYSIOLOGY	2010	143	高被引

（续表）

序号	题名	期刊	发表年份	被引频次	备注
350	Deep sequencing identifies novel and conserved microRNAs in peanuts（Arachis hypogaea L.）	BMC PLANT BIOLOGY	2010	156	高被引
351	Histone Methylation in Higher Plants	ANNUAL REVIEW OF PLANT BIOLOGY，VOL 61	2010	212	高被引
352	Global Epigenetic and Transcriptional Trends among Two Rice Subspecies and Their Reciprocal Hybrids	PLANT CELL	2010	260	高被引
353	Antagonistic HLH/bHLH Transcription Factors Mediate Brassinosteroid Regulation of Cell Elongation and Plant Development in Rice and Arabidopsis	PLANT CELL	2009	167	高被引
354	Rice MicroRNA Effector Complexes and Targets	PLANT CELL	2009	164	高被引
355	The WRKY6 Transcription Factor Modulates PHOSPHATE1 Expression in Response to Low Pi Stress in Arabidopsis	PLANT CELL	2009	150	高被引
356	Aconitum in Traditional Chinese Medicine-A valuable drug or an unpredictable risk?	JOURNAL OF ETHNOPHARMACOLOGY	2009	192	高被引
357	Nitric Reductase-Dependent Nitric Oxide Production Is Involved in Cold Acclimation and Freezing Tolerance in Arabidopsis	PLANT PHYSIOLOGY	2009	218	高被引
358	Overexpression of the soybean GmERF3 gene，an AP2/ERF type transcription factor for increased tolerances to salt，drought，and diseases in transgenic tobacco	JOURNAL OF EXPERIMENTAL BOTANY	2009	186	高被引
359	The Arabidopsis CORONATINE INSENSITIVE1 Protein Is a Jasmonate Receptor	PLANT CELL	2009	361	高被引

（续表）

序号	题名	期刊	发表年份	被引频次	备注
360	Nuclear Pore Complex Component MOS7/Nup88 Is Required for Innate Immunity and Nuclear Accumulation of Defense Regulators in Arabidopsis	PLANT CELL	2009	146	高被引
361	Selenium in higher plants：understanding mechanisms for biofortification and phytoremediation	TRENDS IN PLANT SCIENCE	2009	207	高被引
362	Comparative Study of Hemicelluloses Obtained by Graded Ethanol Precipitation from Sugarcane Bagasse	JOURNAL OF AGRICULTURAL AND FOOD CHEMISTRY	2009	169	高被引
363	Optimised ultrasonic-assisted extraction of flavonoids from Folium eucommiae and evaluation of antioxidant activity in multi-test systems in vitro	FOOD CHEMISTRY	2009	131	高被引
364	Effects of various plasticizers on mechanical and water vapor barrier properties of gelatin films	FOOD HYDROCOLLOIDS	2009	143	高被引
365	DWARF27，an Iron-Containing Protein Required for the Biosynthesis of Strigolactones，Regulates Rice Tiller Bud Outgrowth	PLANT CELL	2009	258	高被引
366	Enhanced Tolerance to Chilling Stress in OsMYB3R-2 Transgenic Rice Is Mediated by Alteration in Cell Cycle and Ectopic Expression of Stress Genes	PLANT PHYSIOLOGY	2009	139	高被引
367	Genetic Dissection of Verticillium Wilt Resistance Mediated by Tomato Ve1	PLANT PHYSIOLOGY	2009	205	高被引
368	The role of ABA in triggering ethylene biosynthesis and ripening of tomato fruit	JOURNAL OF EXPERIMENTAL BOTANY	2009	194	高被引
369	Genome-Wide and Organ-Specific Landscapes of Epigenetic Modifications and Their Relationships to mRNA and Small RNA Transcriptomes in Maize	PLANT CELL	2009	183	高被引

（续表）

序号	题名	期刊	发表年份	被引频次	备注
370	Biomass yield and changes in chemical composition of sweet sorghum cultivars grown for biofuel	FIELD CROPS RESEARCH	2009	139	高被引
371	NaCl-Induced Alternations of Cellular and Tissue Ion Fluxes in Roots of Salt-Resistant and Salt-Sensitive Poplar Species	PLANT PHYSIOLOGY	2009	164	高被引
372	Overexpression of SOS（Salt Overly Sensitive）Genes Increases Salt Tolerance in Transgenic Arabidopsis	MOLECULAR PLANT	2009	159	高被引
373	Hydrogen Sulfide Promotes Wheat Seed Germination and Alleviates Oxidative Damage against Copper Stress	JOURNAL OF INTEGRATIVE PLANT BIOLOGY	2008	162	高被引
374	Criteria for Annotation of Plant MicroRNAs	PLANT CELL	2008	725	高被引
375	Transcriptome Analyses Show Changes in Gene Expression to Accompany Pollen Germination and Tube Growth in Arabidopsis	PLANT PHYSIOLOGY	2008	215	高被引
376	Quantification of N（2）O fluxes from soil-plant systems may be biased by the applied gas chromatograph methodology	PLANT AND SOIL	2008	137	高被引
377	LEAFY COTYLEDON1 is a key regulator of fatty acid biosynthesis in Arabidopsis	PLANT PHYSIOLOGY	2008	168	高被引
378	Responses of leaf stomatal density to water status and its relationship with photosynthesis in a grass	JOURNAL OF EXPERIMENTAL BOTANY	2008	204	高被引
379	Brassinosteroids regulate grain filling in rice	PLANT CELL	2008	157	高被引
380	The Arabidopsis NFYA5 transcription factor is regulated transcriptionally and posttranscriptionally to promote drought resistance	PLANT CELL	2008	427	高被引

（续表）

序号	题名	期刊	发表年份	被引频次	备注
381	Overexpression of a rice OsDREB1F gene increases salt，drought，and low temperature tolerance in both Arabidopsis and rice	PLANT MOLECULAR BIOLOGY	2008	167	高被引
382	Estimating chlorophyll content from hyperspectral vegetation indices：Modeling and validation	AGRICULTURAL AND FOREST METEOROLOGY	2008	211	高被引
383	Effect of iron on growth and lipid accumulation in Chlorella vulgaris	BIORESOURCE TECHNOLOGY	2008	399	高被引
384	Soybean WRKY-type transcription factor genes，GmWRKY13，GmWRKY21，and GmWRKY54，confer differential tolerance to abiotic stresses in transgenic Arabidopsis plants	PLANT BIOTECHNOLOGY JOURNAL	2008	246	高被引
385	AtMKK1 mediates ABA-induced CAT1 expression and H2O2 production via AtMPK6-coupled signaling in Arabidopsis	PLANT JOURNAL	2008	187	高被引
386	The adult plant rust resistance loci Lr34/Yr18 and Lr46/Yr29 are important determinants of partial resistance to powdery mildew in bread wheat line Saar	THEORETICAL AND APPLIED GENETICS	2008	143	高被引
387	Remote sensing imagery in vegetation mapping：a review	JOURNAL OF PLANT ECOLOGY	2008	341	高被引
388	High-resolution mapping of epigenetic modifications of the rice genome uncovers interplay between DNA methylation，histone methylation，and gene expression	PLANT CELL	2008	169	高被引
389	Firefly luciferase complementation imaging assay for protein-protein interactions in plants	PLANT PHYSIOLOGY	2008	247	高被引
390	Optimisation of ultrasound-assisted extraction of phenolic compounds from wheat bran	FOOD CHEMISTRY	2008	234	高被引

（续表）

序号	题名	期刊	发表年份	被引频次	备注
391	Molecular basis of plant architecture	ANNUAL REVIEW OF PLANT BIOLOGY	2008	204	高被引
392	Characterization and stability evaluation of beta-carotene nanoemulsions prepared by high pressure homogenization under various emulsifying conditions	FOOD RESEARCH INTERNATIONAL	2008	208	高被引
393	Responses of Plant Proteins to Heavy Metal Stress-A Review	FRONTIERS IN PLANT SCIENCE	2017	9	热点
394	A Lipid-Anchored NAC Transcription Factor Is Translocated into the Nucleus and Activates Glyoxalase I Expression during Drought Stress	PLANT CELL	2017	11	热点

天津

序号	题名	期刊	发表年份	被引频次	备注
1	Channel directed rutin nano-encapsulation in phytoferritin induced by guanidine hydrochloride	FOOD CHEMISTRY	2018	3	高被引
2	Furfural production from biomass-derived carbohydrates and lignocellulosic residues via heterogeneous acid catalysts	INDUSTRIAL CROPS AND PRODUCTS	2017	17	高被引
3	Structure-Based Discovery of Potential Fungicides as Succinate Ubiquinone Oxidoreductase Inhibitors	JOURNAL OF AGRICULTURAL AND FOOD CHEMISTRY	2017	15	高被引
4	Mechanical properties and solubility in water of corn starch-collagen composite films：Effect of starch type and concentrations	FOOD CHEMISTRY	2017	14	高被引

（续表）

序号	题名	期刊	发表年份	被引频次	备注
5	A novel antioxidant and ACE inhibitory peptide from rice bran protein：Biochemical characterization and molecular docking study	LWT-FOOD SCIENCE AND TECHNOLOGY	2017	18	高被引
6	A combined application of biochar and phosphorus alleviates heat-induced adversities on physiological，agronomical and quality attributes of rice	PLANT PHYSIOLOGY AND BIOCHEMISTRY	2016	30	高被引
7	Affinity of rosmarinic acid to human serum albumin and its effect on protein conformation stability	FOOD CHEMISTRY	2016	34	高被引
8	Starch Retrogradation：A Comprehensive Review	COMPREHENSIVE REVIEWS IN FOOD SCIENCE AND FOOD SAFETY	2015	123	高被引
9	Modification of porous starch for the adsorption of heavy metal ions from aqueous solution	FOOD CHEMISTRY	2015	44	高被引
10	Phenolic profiles of 20 Canadian lentil cultivars and their contribution to antioxidant activity and inhibitory effects on alpha-glucosidase and pancreatic lipase	FOOD CHEMISTRY	2015	85	高被引
11	Phytohormones and plant responses to salinity stress：a review	PLANT GROWTH REGULATION	2015	68	高被引
12	Multiresidue analysis of over 200 pesticides in cereals using a QuEChERS and gas chromatography-tandem mass spectrometry-based method	FOOD CHEMISTRY	2015	57	高被引
13	Effect of Acid Hydrolysis on Starch Structure and Functionality：A Review	CRITICAL REVIEWS IN FOOD SCIENCE AND NUTRITION	2015	53	高被引
14	The anti-obesity effect of green tea polysaccharides，polyphenols and caffeine in rats fed with a high-fat diet	FOOD & FUNCTION	2015	41	高被引

（续表）

序号	题名	期刊	发表年份	被引频次	备注
15	Characterisation of phenolics，betanins and antioxidant activities in seeds of three Chenopodium quinoa Willd. genotypes	FOOD CHEMISTRY	2015	55	高被引
16	Transglutaminase-induced crosslinking of gelatin-calcium carbonate composite films	FOOD CHEMISTRY	2015	46	高被引
17	Molecular disassembly of starch granules during gelatinization and its effect on starch digestibility：a review	FOOD & FUNCTION	2013	104	高被引
18	The roles of selenium in protecting plants against abiotic stresses	ENVIRONMENTAL AND EXPERIMENTAL BOTANY	2013	157	高被引
19	A mini-review on membrane fouling	BIORESOURCE TECHNOLOGY	2012	280	高被引
20	Sulfite pretreatment（SPORL）for robust enzymatic saccharification of spruce and red pine	BIORESOURCE TECHNOLOGY	2009	303	高被引
21	Effect of iron on growth and lipid accumulation in Chlorella vulgaris	BIORESOURCE TECHNOLOGY	2008	399	高被引
22	Antioxidant activities of different fractions of polysaccharide conjugates from green tea（Camellia Sinensis）	FOOD CHEMISTRY	2008	184	高被引
23	A Lipid-Anchored NAC Transcription Factor Is Translocated into the Nucleus and Activates Glyoxalase I Expression during Drought Stress	PLANT CELL	2017	11	热点

序号	题名	期刊	发表年份	被引频次	备注
1	Heat shock factor C2a serves as a proactive mechanism for heat protection in developing grains in wheat via an ABA-mediated regulatory pathway	PLANT CELL AND ENVIRONMENT	2018	7	高被引
2	Magnetic graphene dispersive solid phase extraction combining high performance liquid chromatography for determination of fluoroquinolones in foods	FOOD CHEMISTRY	2017	14	高被引
3	Responses of yield and WUE of winter wheat to water stress during the past three decades-A case study in the North China Plain	AGRICULTURAL WATER MANAGEMENT	2017	11	高被引
4	Drought-responsive WRKY transcription factor genes TaWRKY1 and TaWRKY33 from wheat confer drought and/or heat resistance in Arabidopsis	BMC PLANT BIOLOGY	2016	31	高被引
5	Low-field NMR study of heat-induced gelation of pork myofibrillar proteins and its relationship with microstructural characteristics	FOOD RESEARCH INTERNATIONAL	2014	68	高被引
6	The Salt Overly Sensitive（SOS）Pathway： Established and Emerging Roles	MOLECULAR PLANT	2013	108	高被引
7	Methylated arsenic species in plants originate from soil microorganisms	NEW PHYTOLOGIST	2012	120	高被引
8	AGAMOUS Terminates Floral Stem Cell Maintenance in Arabidopsis by Directly Repressing WUSCHEL through Recruitment of Polycomb Group Proteins	PLANT CELL	2011	112	高被引
9	A sensitive and validated method for determination of melamine residue in liquid milk by reversed phase high-performance liquid chromatography with solid-phase extraction	FOOD CONTROL	2010	117	高被引
10	Differential expression of miRNAs in response to salt stress in maize roots	ANNALS OF BOTANY	2009	234	高被引